高等院校艺术设计类专业
案例式规划教材

空间构成

■ 主 编 方 芳 郭向民
■ 副主编 乔春梅 王 瑀

ART DESIGN

华中科技大学出版社
http://www.hustp.com
中国·武汉

内容提要

　　本书主要讲述了空间构成概论、空间构成、空间构成的形式、建筑空间、空间构成设计的表现方式、空间构成设计作品欣赏 6 个方面的内容，全方位探讨了空间构成和空间抽象美学的表达方法，并辅以图片和案例阐释理论，让读者能更容易了解并学习到空间构成的理论和方法。本书图文并茂、深入浅出、内容丰富、行文流畅，适合作为普通高等院校艺术设计、建筑设计等专业课程的基础教材，同时也可作为有关设计人员学习的辅导书。

图书在版编目 (CIP) 数据

空间构成 / 方芳，郭向民主编 .—武汉：华中科技大学出版社，2018.5（2024.8重印）
高等院校艺术设计类专业案例式规划教材
ISBN 978-7-5680-2977-3

Ⅰ.①空⋯　Ⅱ.①方⋯　②郭⋯　Ⅲ.①空间－建筑设计－高等学校－教材　Ⅳ.① TU201

中国版本图书馆CIP数据核字(2017)第125552号

空间构成
Kong jian Goucheng

方　芳　郭向民　主编

策划编辑：金　紫
责任编辑：陈　骏　梁　任
封面设计：原色设计
责任校对：李　琴
责任监印：朱　玢
出版发行：华中科技大学出版社（中国·武汉）　　电话：（027）81321913
　　　　　武汉市东湖新技术开发区华工科技园　　邮编：430223
录　　排：华中科技大学惠友文印中心
印　　刷：武汉市洪林印务有限公司
开　　本：880mm×1194mm　1/16
印　　张：10.5
字　　数：235 千字
版　　次：2024 年 8 月第 1 版第 7 次印刷
定　　价：59.80 元

华中出版

前言
Preface

　　空间构成是艺术设计的基础构成要素，研究的是实体（即物体形态）与虚体（即空间）的存在关系。在城市建设中，空间是城市特征的物质表现，是城市中最容易识别和察觉的部分，也是城市特色的魅力所在。在设计群体中，相当多的设计者对于空间构成的理解不够，在设计时更多地关心事物的形态（即造型处理），只追求事物的外观设计，却忽视了空间的表现，这种行为仅仅是在搭建一个物体，忽略了建筑的使用属性，难以经得起时间的检验。

　　随着社会文化水平的提高，人们基本具备了良好的审美能力，对精神体验的需求也越来越迫切。在设计建造建筑、环境、公共空间时也不再只强调空间的作用，而更多地追求空间给人的感受。空间构成作为艺术设计五大构成之一，已逐渐被各大高校环境艺术设计、建筑设计等艺术设计专业作为基础知识来学习，旨在提高学生以及相关设计人员的理论与艺术水平。空间构成作为高校艺术设计基础课程之一，不仅要让学生了解整个空间构成的概念、形式、组合方式等具体理论，更要培养学生的理解和实践能力。

　　本书包括空间构成概论、空间构成、空间构成的形式、建筑空间、空间构成设计的表现方式、空间构成设计作品欣赏6个方面的内容，并辅以多种典型精美的图片，逐步解构空间构成的核心内容。书中大量通俗易懂的文字和图片案例既可以帮助读者更好地理解空间构成的相关内容，又利于读者准确把握设计的要素，培养抽象的空间构成理解能力，进而完善自身的艺术审美观，创作出优秀的空间构成设计作品。

在文化产业日益繁荣的今天，越来越多的艺术设计教材内容过于单一，只是单调地叙述枯燥的概念，读者很难吸收，并且这些教材在原创性和创新性上略显不足。艺术设计教材的同质化和地域化远远不能满足艺术与设计教育市场迅速增长的需求，同时也制约了创意产业的发展。本书作者花费了大量的时间，从根基性问题入手，通过理论和实例相结合的方式详细讲述了空间构成的相关知识，为艺术设计的教育体系添砖加瓦。希望本书的出版能够适应新时代的需求，推动国内艺术设计的发展，利用学院式教学的有利条件，培养一批又一批优秀的创新人才，让越来越多的中国设计者屹立于世界艺术设计之林。

本书由方芳、郭向民担任主编，乔春梅、王瑀担任副主编。同时，本书在编写中得到以下同事和同学的支持：郑天天、鲍雪怡、叶伟、仇梦蝶、肖亚丽、刘峻、刘忍方、向江伟、董豪鹏、陈全、汤留泉、黄登峰、苏娜、毛婵、徐谦、孙春燕、李平、向芷君、柏雪、李鹏博、曾庆平、李俊、万丹，在此一并表示诚挚的感谢。

编　者
2018 年 4 月

目录
Contents

第一章
空间构成概论

学习难度：★ ★ ☆ ☆ ☆

重点概念：空间、空间构成、心理空间感受

章节导读

空间从宏观上来讲是无限的，但就微观上而言，空间是由具体物体间的位置关系所形成，是有限的。因而空间是无限与有限的统一。一位好的设计师，必须将自身置于空间之中，既是它的组成部分，又是它的量度（图1-1）。

图 1-1　哈尔滨大剧院内部空间

第一节
空间构成的起源

18 世纪后半期到 19 世纪，欧洲进入工业革命时期，世界经济开始得到发展。但在艺术环境方面，宫廷艺术的公式化、概念化、繁琐堆砌的表现形式严重阻碍了当时艺术的发展进程。空间构成的概念起源于 1919 年。1919 年 4 月，德国魏玛市立美术学院与工艺美术学校合并，创建"国立魏玛建筑学校"，建筑家格罗皮乌斯任校长，他们提出了新的教学口号——"艺术与技术的新统一"，并采用新的教学内容和教学方法，主要体现在要加强设计的理论基础教育和现代美学思想教育，并发表了"包豪斯宣言"，以此作为他们改革的最终理想和奋斗目标。宣言的内容大意是："完整的建筑物是视觉艺术的最终目标，艺术家最重要的职责是美化建筑。今天，艺术家们各自孤立地生存着，只有通过自觉的、并和所有工艺技师共同的奋斗才能得以自救。建筑师、画家和雕塑家必须重新认识到，一栋建筑是各类美感共同组合的实体，只有这样，他的作品才可能灌注进建筑精神，以免流为'沙龙艺术'……建筑师、画家和雕塑家们，我们应该转向应用艺术。"

小贴士

包豪斯（1919年4月—1933年7月），是德国魏玛市的 "国立魏玛建筑学校" 的简称，后改称"设计学院"，习惯上仍沿称包豪斯，后更名为魏玛包豪斯大学。它的成立标志着现代设计教育的诞生，对世界现代设计的发展产生了深远的影响，包豪斯是世界上第一所为发展现代设计教育而建立的学院。

小／贴／士

包豪斯设计

包豪斯所涵盖的内容有建筑、装饰、编织、陶器、舞台设计等。开设的课程有观察课（自然与材料的研究）、绘图课（几何研究、结构练习、制图、模型制作）、构成课（体积、色彩与设计的研究）。从设计研究的角度，包豪斯注重理论与实际相结合，相关课程所涉及的内容也较为广泛，适应性较强，因此它培养的学生受到社会的普遍欢迎。包豪斯主张以建筑为中心，设计必须联系到与建筑有关的各个方面，并强调空间、时间、物质与精神；讲求从实际出发，进行为人们生活所用的设计；建筑设计的内部空间划分要以人的衣食住行等生活习惯为设计标准；设计要具有合理性，要把生产和实用结合起来，这是从理论到实践、保证设计质量的关键；注重抽象艺术对工艺美术的潜在作用，反对摹仿，将原来的反映论发展为创造论，同时将视觉审美上升到触觉审美，重视材质的美感作用。这些相关概念的提出，对当时的设计起到了重要的指导作用（图1-2、图1-3）。包豪斯教师们所发表的作品、论文、指导实践，如康定斯基的《平面上的点与线》、格罗皮乌斯的《国际性建筑》、那基的《建筑材料》、伊顿的《色彩学》等都为现代的各类艺术设计奠定了坚实的基础。

图1-2　包豪斯风格公寓

图1-3　包豪斯风格厂房

第二节
空间的基本概念

空间是与时间相对的一种物质客观存在形式，由长度、宽度、高度、大小表现出来。

一、空间的概念

空间从字面上来看，"空"，指的是无，是不得触知而存在的，其空阔、广袤，是向四面八方伸展可无限延续之意；"间"，指的是空隙，有间隔、限定、引导、规范之意。"空间"是两者概念的统一。物理学、生理学对"空"有不同的解释，但其共同的一点是，"空"是随形而变、随形而生的。所以空与间的合成是指"空"在"间"的限定内聚集，形成"空间"（图1-4）。

在艺术设计领域中，空间概念并不像某种哲学观点解释的那样，"空间是无形态的，凡实体以外的部分都是空间，空间并不可见"。实际上，空间是物质存在的一种客观形式，是指和实体相对的概念，是依靠实体作为媒介来限定的空虚的形态，但不包括限定媒介，即实体与实体间的关系所产生的相互吸引的联想环境。空间是靠人的知觉方式感知的。空间如果离开了实体的限制，其形态也就不复存在了，或者说已经变为无限空间形式了。空间是三维的，但对空间的观察是以时间的延续为条件的，可以说，空间艺术中的时间是以运动形式体现的（图1-5）。

空间象征了某种可能性的物质。它以

图1-4　室内空间

图1-5　空间的表现

模糊性、透明性和多元性取代物质世界的确定性，是新事物出现的潜在标志。空间指由地平面、垂直面以及顶平面单独或共同组合而成的，具有实际意义或暗示性的范围围合形态，是一种难以用语言表达的概念。在围合形态中，边界越弱，作为创造空间的依据就越不明确，空间的平面性将会更加突出、更加清晰。

从人类行为活动的特征来看，空间涵盖了城市、街道、广场、公园、花园、建筑等相关领域。人类对具有一定组织规划的空间形态的认知和感受，称为空间感（图1-6、图1-7）。

人们对空间的创造和认识自旧石器时代开始就从未停止过。原始社会西安半坡村的方形、圆形居住处所就已经按使用需要将室内作出分隔，在圆形居住空间入口处两侧，就有意识地设置了一道起引导气流作用的短墙（图1-8）。随着历史进程的推移，人们对空间的认识在不断发展。商朝宫室空间序列严谨规整；春秋时期老子提出"有"与"无"的空间围合关系；唐朝木建筑结构形成严谨开朗的空间感觉（图1-9）；宋、元、明、清时期的建筑群落序列明晰、层次分明（图1-10、图1-11）。这些无一不是在展示人们在不同时期、不同社会、不同地域中对周围环境空间的认识、理解和运用。

西方对空间的认识和创造则因为文化与地理的差异，呈现出与中国完全不同的状态，并留下了大量有关空间艺术与建筑

图1-6 古镇街道

图1-8 半坡建筑示意图

图1-7 高空俯瞰地球

图1-9 唐朝木建筑结构

图 1-10　故宫建筑群

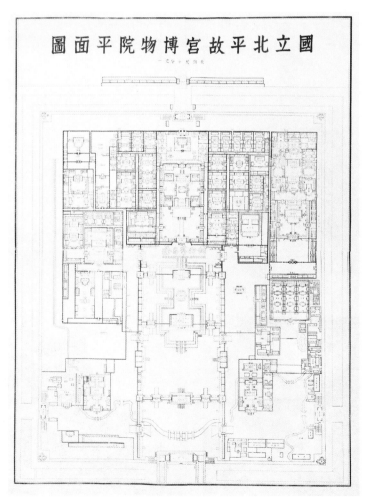

图 1-11　故宫博物院平面图

图 1-12　埃及金字塔与狮身人面像

图 1-13　巴黎圣母院

造型的精华（图 1-12、图 1-13）。

　　动物对空间的感知极为单纯，即源自本能。候鸟远距离迁徙而不迷失方向，猫科动物用气味对领地加以标记。但是人对空间的感知要比动物复杂得多。人对空间感兴趣，既源自本能需求，又源自对自身存在的思考。由于人需要掌控在生活环境中的关系，有着对"外部世界"定位的最基本的要求，要为外部世界与自身行为提出意义或秩序的要求。在初期文明或未开化文明的语言中，可以找到"上"与"下"、"前"与"后"、"左"与"右"等表达空间关系的词汇，它们说明了人所处的环境，表现人在世界上所处的"位置"。例如古代埃及人对空间的感知基于该国特殊

的地理条件——尼罗河。因此在当地语言中没有南北方向，只有"上游"和"下游"来表达方向（图 1-14）。由此可以看出，早期人类对空间认知的概念源自对空间的直接体验，空间观念就是针对对象或场所的具体定位，并带有强烈的个性色彩（图 1-15）。

　　人要适应外部世界，就要掌握抽象的现实。人面对各种对象的定位，不管是认识性的，还是实践性的，都以建立人与外部环境之间动态的均衡为目标。定位的对象按内与外、远与近、分离与结合、连续与非连续之类的关系排列，由此看来，人的行为都是基于空间性的。人为了适应外部环境，就必须了解空间的各种关

图 1-14　根据河流流动走向界定上下游

图 1-15　兰州湿地公园

图 1-16　微观细胞

图 1-17　月球上看地球

系，并把它统一在一个空间概念之中（图1-16、图1-17）。

古希腊的思想家们把空间作为一个哲学问题来探讨。巴门尼德认为空间是不可想象的，因而不存在。留基波则认为，空间即使不是实体存在，也是一个现实。柏拉图进一步针对空间科学提出了几何学，不过有关"场所"的理论则是由后来的亚里士多德提出的。亚里士多德的研究是把原始性实用空间进行体系化的尝试，同时对当今的空间概念做出某种预示。现代空间理论是建立在欧几里德几何学的基础之上的，以"无限""等质"为世界的基本次元之一作为空间的定义。直到17世纪，欧几里德的空间理论由于导入了直角坐标体系而进入了最重要的完成阶段。欧几里德几何学描述了物理空间的思考方法，直到19世纪初爱因斯坦相对论的出现而被颠覆。爱因斯坦说："数学命题与现实有关时即不准确。数学命题准确时即与现实无关。"相对论使我们向前迈进了一大步，摆脱了三度空间的陈旧观点，提出了包含"时间"的四度空间概念。

早期单一空间的概念，分为客观存在的物理空间（微观的、常见的、宏观的）和存在于人的意识之中的抽象数学空间。物理、数学的空间概念，忽略了人对空间的认知，缺少了心理学层面上的直接知觉空间。知觉空间即完成具有意义的

小知识

空间和时间是指事物之间的一种次序。空间用以描述物体的位形；时间用以描述事件之间的顺序。空间和时间的物理性质主要通过它们与物体运动的各种联系而表现出来。物理学对空间和时间的认识可以分为三个阶段：经典力学阶段、狭义相对论阶段及广义相对论阶段。

外部世界三维关系的确定体系。自古以来，人类不只在空间中发生行为。为了掌握外部世界结构，人类还对外部世界结构进行空间表现。人类所创造的绘画、雕塑、音乐、诗歌所营造的空间称为艺术空间。还有一种更加抽象的概念——美学空间，能把表现空间、艺术空间可能具有的特征加以体系化研究。美学空间则是由建筑理论家或哲学家们来研究的。

20世纪，心理学家开始将研究的重点从空间本身转向空间中的行为主体——人。把人对环境的体验作为研究的对象。唯物论者认为世界对人来说是同一体，但每个人所感觉到的却不是相同的世界。每个人对外部世界的感知受到其生命个体特质的影响，也就是说，受到人的心理活动和其生活经验等因素的影响。一般意义的知觉是以对外部环境做出有效判断为目标，这些判断因人而异，例如，同一条街道上的行人，对该街景的印象各有不同。我们所观察的世界，某种意义上讲绝不在于外部世界本身，而在于观察者——人，在于人对

事物的回应。

二、空间概念的解读

中国人对人居空间的认识和理论判断是悠久而精辟的。在两千五百多年前，老子在《道德经》中就论述"埏埴以为器，当其无，有器之用。凿户牖以为室，当其无，有室之用"，主要强调了做建筑空间围合体的土泥外壳不是最本质的，而建筑围合体形成的空间才是建筑的根本。他还形象地把这个用土泥做成的建筑围合体比喻为容纳人活动的容器。这个容器是人活动的空间，具有"量""形""质"的规定性特质。这个有一定形、质的空间容器和有特定意义的外壳（围合体）共同构建了有意义的空间实质，这个空间实质不仅满足了人，而且满足了整个社会提出的物质功能性和思想精神性的需求（图1-18、图1-19）。

三、空间构成的历史和发展

1. 从远古的巢居到龙山文化时期的干阑式建筑空间

自旧石器时代开始至今，人居空间

图 1-18　杯子

图 1-19　鸟巢

的创造就从未停止过。在旧石器时代人类的住所是天然岩洞。后来的巢居在北京、辽宁、贵州、广东、湖北、江西、江苏、浙江等地都有发现。古代文献中,《韩非子·五蠹》记载有巢居的传说,如"上古之世,人民少而禽兽众,人民不胜禽兽虫蛇,有圣人作,构木为巢,以避群害"。人类的发展有如文化的接力,农耕社会时期,人们自觉地走出洞穴,走出丛林,开始人工营造屋室的新阶段。在母系氏族社会晚期的新石器时代,人们开始了"半地穴"方式居住。在仰韶、半坡、姜寨、河姆渡、双槐树等地均有半地穴居住遗址的发现(图1-20、图1-21)。北方仰韶文化后期的建筑已发展到地面建筑,并已有了分隔成几个房间的房屋,其总体而言已有序,颇能反映出母系氏族社会的聚落特色,由此说明我国古代人类真正意义上的建筑诞生了。

在南方较为潮湿的地区,巢居已演进为初期的干阑式建筑,如长江下游河姆渡遗址中就发现了许多干阑式建筑构件,甚至有较为精细的卯、启口等构

件。龙山文化的住房遗址还呈现出家庭私有的痕迹,出现了双室相连的套间式半穴居,套间式布局反映了一种以家庭为单位的生活方式。此时期在建筑技术方面,开始广泛地在室内地面上涂抹光洁、坚硬的白灰面层,使地面达到防潮、清洁和明亮的效果。在山西陶寺村龙山文化遗址中发现了刻画白灰墙面上的图案,这是我国已知的最古老的居室装饰。历史证明建筑空间特征总是在一定的自然环境和社会条件的影响下形成的,如南方气候炎热而潮湿的山区有架空的竹、木建筑;黄河中上游利用黄土断崖挖出横穴作居室(窑洞)。这些建筑空间是在一定历史时期、地域条件、民族文化背景下形成的建筑形态,并具有自身非常独特的形象特质(图1-22、图1-23)。

2. 具有浓厚封建思想的帝王建筑空间

当秦始皇统一全国后,便在咸阳修筑都城、宫殿、陵墓。历史上著名的阿房宫、骊山陵,其遗址规模之大,在我国历史上是空前的。在秦始皇陵墓东侧发现了

图1-20 西安半坡遗址

图1-21 巩义双槐树遗址

图1-22 干阑式建筑

图1-23 窑洞

大规模的兵马俑队列埋坑,其气势雄伟(图1-24、图1-25)。

到了唐代,随着木建筑科学技术的发展,唐朝的木建筑解决了大面积、大体量的技术问题,鼎盛时期创造了大量大规模的经典建筑,一直延续到大明宫麟德殿,此后的风格特点为气魄宏伟、严整又开朗。现存木结构建筑尤其能反映唐代的建筑艺术和建筑结构的统一,斗拱的结构、柱子的形象和梁的加工等都令人感受到构件本身的受力状态与形象之间的内在联系,达到了力与美的有机统一。木结构建筑的色调简洁明快,

屋顶舒展平远,门窗朴实无华,给人以庄重、大方、气派的感觉,这是在宋、元、明、清建筑空间中不易找到的特色。我国封建社会晚期,建筑在木构架和技术上进一步发展,空间环境的装修和陈设也留下了许多由砖石、琉璃和硬木等材料构成的不朽之作,建筑空间类型也得到了进一步分化,留下了大量可供参考的建筑空间实体,例如故宫(图1-26、图1-27)、圆明园等。

国外相近时期、相近社会形态下的建筑空间和建筑造型亦是如此,如古希腊的帕特农神庙、古罗马竞技场、埃及金字塔

图1-24 阿房宫复原图

图1-25 兵马俑

图 1-26　使用砖石琉璃等材料建筑的故宫局部

图 1-27　故宫

等（图 1-28 ~ 图 1-30）。

　　当然，因地域和文化背景的差异，中西方一开始的建筑空间和造型的语体和语言方式就存在较大差异。12 世纪到 18 世纪期间，西方在社会、政治、经济方面的变革和资产阶级启蒙主义思想的影响下，建筑空间造型的改革也受到了重要影响，并产生了哥特式、巴洛克式和洛可可式等建筑空间设计流派，其室内、室外空间环境的营造均达到了古典主义、新古典主义时期的制高点（图1-31、图 1-32）。

图 1-28　古希腊的帕特农神庙

图 1-29　古罗马竞技场

图 1-30　埃及金字塔

图 1-31　圣彼得大教堂

图 1-32　凡尔赛宫内部

图 1-33　密斯·凡德罗设计的房屋

3.西方工业革命洗礼后形成的现代流派

在现代工业科学迅速发展的大背景下，一批勇于探索的空间设计师举起了现代空间设计的旗帜，摆脱了以往矫揉造作的风尚，力求室内外空间的整体统一并营造特色鲜明的风格。德国设计师密斯·凡德罗在空间设计中始终坚持现代主义原则，强调设计风格应该简洁、明确、结构突出、强化工业科技，开创了现代空间设计的先河，是国际主义风格的主流代表（图 1-33、图 1-34）。美国建筑空间设计师赖特与环境相联系的动态空间理念为现代主义室内外空间设计谱写了不朽的篇章（图 1-35、图 1-36）。

4.当代空间理念影响下的空间造型样式

当代室内外建筑空间在以人为本等理念下设计了种种空间样式，例如巴塞罗那北站公园及其广场、瓦伦西亚大眼球天文馆、瓦伦西亚艺术科学城、哈尔滨大剧院等（图 1-37 ~ 图 1-42）。

通过对以上建筑空间创造面貌的欣赏，可以了解到建筑空间艺术设计的发展从来就没有停滞过，空间艺术设计是承接物质文明和精神文明的媒介和载体，并由此造就了一个时代的信念，成为可感知的历史和进步的脉络。从而也证明，建筑空间设计受政治、经济、科技、时间、地域特点以及人们的各种需求和时代精神意志限制。

图 1-34　巴塞罗那展览馆德国馆

图 1-35　流水别墅

图 1-36　橡树园建筑

图 1-37　巴塞罗那北站公园

图 1-38　巴塞罗那北站公园广场

图 1-39　瓦伦西亚大眼球天文馆

图 1-40　瓦伦西亚艺术科学城

图 1-41　哈尔滨大剧院

图 1-42　哈尔滨大剧院内部

第三节
空间构成的概念和意义

一、空间构成的概念

空间构成是创造空间形式并阐明各空间相互关系的一种构成设计，也是由三大基本构成面（水平面、垂直面、顶平面）在环境中通过各种处理手段，运用不同的美学规律，以人的活动为基本设计依据，将多种变化方式相互组合形成的，具有不同触感的空间形态（图 1-43）。

图 1-43　城市建筑设计

二、空间构成的意义

学习空间构成的意义在于培养艺术设计者的综合艺术创造能力，通过对构思方式以及形象思维和逻辑思维的锻炼，使艺术设计者能够分析各类空间造型要素，能识别各类造型要素产生的各种不同触觉的美感，敏锐捕捉各类造型要素的感性美，并把这种能力通过一定的材料进行体现（图1-44）。在对各类空间进行设计创造时所需要的各类综合能力及技巧，反映在对材料、工具、技术和经验的认知上。因此，对空间构成全方位的学习与训练可以达到对不同造型空间进行认识与理解的学习目的，最终提高艺术设计者的综合审美能力。

第四节
空间构成与立体构成的区分

立体构成是用一定的材料，以视觉为基础，以力学为依据，将造型要素按照一定的构成原则组合成形体的构成方法。它是以点、线、面、对称、肌理来研究空间立体形态的学科，也是研究立体造型各元素构成的法则。它的任务是揭开立体造型的基本规律，阐明立体设计的基本原理。

立体构成是一门研究如何将三维空间中的立体造型要素按照一定的原则组合成富有个性美的立体形态的学科。整个立体构成的过程是一个由分割到组合或由组合

图1-44　空间构成作业

艺术设计的基础构成

小／贴／士

　　艺术设计的基础构成主要有平面构成、色彩构成和立体构成三个部分。

　　平面构成是一门研究形象在二度空间里的变化构成的科学，是探求二度空间的视觉规律、形象的建立、各种元素的构成规律等，形成既严谨又有无穷律动变化的装饰构图。色彩是根据人们长期形成的对色彩的感觉而产生的一种思维定势，不同颜色的搭配能够给人不同的心理感受，而色彩构成就是将这些思维定势总结出来。立体构成所研究的对象是立体形态和空间形态的创造规律。

到分割的过程。任何形态都可以还原到点、线、面，而点、线、面又可以组合成任何形态。立体构成的探求包括对材料形、色、质等心理效能的探求，对材料强度的探求，以及对材料加工工艺等物理效能的探求。立体构成是对实际的空间和形体之间的关系进行研究和探讨的过程。

　　了解立体构成和空间构成的基本概念之后，可以发现，两者有一定的关系，它

们在构成规律上有一定的相似之处，但是追究其定义的根源，其实有很明显的差异，不能说"立体构成也称为空间构成"。

　　从心理感知上讲，立体形态是实体占有空间，是凸现在媒介表面上的三维实体。实体形态是客观存在的，人们要认知它，就要有意识地、有目的地围绕其周围，从不同的角度观察、触摸，进行全面了解（图1-45）。空间形态是依靠实体作为媒介

图1-45　立体构成

限定出的内空凹形，是三维虚像，人们想要进入其内部空间，需要随着时间和空间的移动来感知、认知它。空间形态的创造是从无限向有限进行围合、限定、分隔和组织从而形成有序的内部"情形"。

如果说立体构成是雕塑的话，那么空间构成应该是由界限（不一定是围合，可能只是界定）限定出来的空间。比如一个方形的房间，立体构成注重的应该是房间呈现出来的形态（像个骰子，又像个魔方）；而空间构成侧重点应该是放在这个房间给人的空间感受如何（是局促，还是宽敞；是流动，还是封闭）（图1-46、图1-47）。通过以上形象的比喻描绘两种概念，可以清晰地看出立体构成注重的是空间的形态，即造型；空间构成则注重的是空间给人带来的心理触动，实现了艺术与技术的统一，使单纯的建筑物融入美感，从"建筑物"跨越为真正的"建筑"。

图1-46　学生立体构成作业

图1-47　学生空间构成作业

思考与练习

1. 简述空间的概念。

2. 简述人类文明各个时期的建筑空间的特征。

3. 简述空间构成的概念。

4. 学习空间构成有什么意义?

5. 立体构成和空间构成两者的联系与区别在哪里?

6. 举例说明生活中空间的对比性，培养自身对空间概念的感悟能力。

7. 体验室外空间与空间实体（即建筑物）之间的空间体量关系。

8. 绘图并完成 5 张空间环境速写。

第二章
空 间 构 成

学习难度：★ ★ ★ ☆ ☆

重点概念：空间类型、心理感受、空间构成要素、空间形态

章节导读

空间构成所研究的是实体与虚体间的存在关系，对个体形态研究的目的就是在整体形态的应用之中。在城市中，空间是城市特征的物质表现，是城市中最易识别、最易记忆的部分，是城市特色的魅力所在。在建筑中，空间是建筑表现的首要目标，建筑通过材料限制空间，得到一种空间的特性与力度（图2-1）。

图 2-1 建筑空间构成

第一节
空间的特性

一、积极空间与消极空间

积极空间有鲜明的领域，是有计划、有收敛的空间形态，其形式井然有序，无法向外延伸。消极空间是虚拟限定的、无计划性的，是被排除在空间序列以外的空间。因此，空间的创造包括从无限的宇宙空间中有计划地分隔并组织出积极空间，或创造向无限大自然效仿的消极空间。就如平面构成中的正负形设计一样，当一个形态处在一定的环境中时，它们之间就有了相互的作用。当主形为正时，周围环境为负，而其中的主形就是我们所说的积极空间，周围的环境就是我们所说的消极空间（图 2-2）。积极空间与消极空间在相互依存的基础上，会随着彼此形态的变化而变化，产生互相置换的形式。

当积极空间的面积在所处环境中大于消极空间的面积时，积极空间的形态清晰明了；而当积极空间的面积过大时，消极空间的形态消失，其积极空间就转化为消极空间，消极空间转化为积极空间。

积极空间的形态是美观的，它可以借助消极空间的形态来检查，积极空间的形

图 2-2 平面构成中正负形对照

日本著名建筑师芦原义信在《外部空间设计》一书中提出"积极空间"和"消极空间"这两个概念，用以概括包围着建筑物的空间。

态越简练，越要注意消极空间的造型。因此，利用积极空间与消极空间的相互衬托，构成虚实空间，可以使空间设计更为丰富多样（图2-3）。

图2-3　国家大剧院

支离的建筑学

小／贴／士

支离的建筑学是在拓扑和形式主义层面上的建筑理论。这意味着我们将悬置两个重要的但非建筑特质的因素：视觉美感和工业技术。建筑的视觉美脱胎于绘画和雕塑，所以不是建筑的特质。视觉美是铭刻于建筑艺术中的历史印记，永远不会消失。工业技术是使建筑更令人满意的手段。

没有了视觉美感和工业技术，建筑呈现为关系与作用的几何学——拓扑，它仅是具有一定塑造生活、引导事件功用的容器。以这样的角度看待社会与建筑的关系，我们发现随着实用主义对建筑空间的挤压，建筑中每一个细小空间的存在都必须诉诸功能与技术的理由。但实际的情况是我们并不能从中得到满足和愉悦。生活的丰富与荒诞，情感和人性中种种不可呈现之物以及人自由选择的权力不断对抗着环环相扣的功能主义建筑。

维系实用主义建筑与实用主义哲学和因果规律的逻辑链相吻合，打断这种逻辑链和思维定式，就引发了"支离的建筑学"构想。支离的建筑学由间隙、多序、重叠、组合四种方式实现。

二、尺度

尺度是指相对于某些已知标准或公认的常量的大小。空间尺度一般是空间和人之间产生关系后由人所界定的产物。凡是与人有关的物体或环境空间都有尺度问题。大多数情况下我们用以确定尺度的工具主要是平时频繁接触使用而熟悉其尺度的物体，包括门、台阶、桌子、柜台和座椅等。通过借助这些部件可以估算出空间中的尺度，这就是人们权衡空间的大小、高矮等感觉上的量度问题。空间尺度还是确立建筑与人体之间的大小关系和建筑各部分之间的大小关系的依据，而尺度也存在客观上的大小。

1. 尺度与大小

尺度是视觉、触觉和动觉联合运动的统一体。人们正确地判断尺寸的实际尺度感来源于以下两个方面。

（1）当观测者与大小不同的各类形态等距相对时，各类形态的大小与它们在观测者视网膜上的视像大小成正比。

（2）当大小不同的各类形态与观测者的距离远近不同时，观测者所形成的视像大小与形态的距离正好成反比（图2-4、图2-5）。视像和距离基本规律如下：同一形态距离近时视像大，距离远时视像小；远处大形态与近处小形态在视网膜上的视像可能是相等的；远处大形态在视网膜上的视像小于近处小形态的视像时，单凭视像大小不能正确判断形态的实际大小。

2. 尺度标志

（1）从一般意义讲，凡是和人相关的物品都存在尺度问题。创造形态大小可以人的尺度为参照物，比如建筑空间中走动的或坐着的人可直接衡量建筑体量的大小（图2-6）。

（2）在没有人在空间中时，某物体的尺度也可以通过近旁或四周物体部件的尺寸来判断（图2-7）。

（3）空间中的各个部件可以同整个空间、部件之间以及人发生各种关系。有些部件有着自身正常的符合常规的尺度，但是与其他部件相比却是异常尺度。这种超乎寻常的尺度可用于吸引注意力，也可以形成或强调一个焦点（图2-8）。

图2-4　厂房

图2-5　苏州博物馆

图 2-6 美术馆

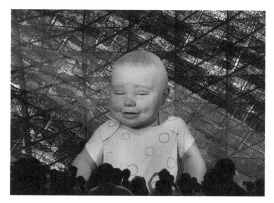

图 2-8 上海世博会西班牙馆展出巨婴

图 2-7 室内空间

图 2-9 海滩边的桌椅比室内显得小

3. 室外空间和室内空间不同的尺度感

在尺度上，同一形态的物体设置在室外空间通常比在室内空间看起来显得小些，这是由于室外空间中的参照物都较大，视野较开阔，而室内空间则较小，参照物也较小所造成的（图 2-9）。

4. 空间尺度类型

在空间设计中，我们可以将尺度分为三个类型：普通尺度、超大尺度和亲切尺度。

（1）普通尺度就是我们在日常生活中最常使用的尺度，它能使观者从心理上感到舒适，感受自身正常的体量，如酒店、饭店、商场等（图 2-10）。

（2）超大尺度就是尽可能夸大实际

的尺度，是人对自己生存环境重新进行审视的一种思维方式。一些超大尺度的设计会使空间产生一种神秘的、不可逾越的感触（图 2-11）。这种尺度在大教堂、纪念建筑和公共建筑中使用得比较多，国家性的建筑也多运用这种手法，它是一个国家和民族自豪感的体现。

（3）亲切尺度是尽可能地将空间做得比实际尺寸小，利用这种小尺度来唤起人们的亲近感。如园林建筑就是以小于真实尺度的物体来使人获得亲切感（图 2-12）。在一些其他空间内，对空间尺度采用分隔的处理方式，可以让它们产生一种非正规的、私人性的亲切感和私密感（图 2-13）。

图 2-10　深圳龙华九方商场

图 2-12　中国园林博物馆

28

图 2-11　新加坡国家美术馆

图 2-13　餐厅

三、比例

比例体现的是事物的整体与整体之间、整体与局部之间、局部与局部之间或某个体与另一个体之间的一种关系。这种关系可以是数值的、数量的或量度的。

比例会使构成中的部分与部分、部分与整体之间产生一定的联系。一个物体的外观大小会受到它实际所处的环境相对于其他物体大小的影响，因此在空间形态中，必须考虑三维度上的比例。

1. 比例与比率

人们最熟悉的比例系统是黄金分割比，它是古希腊人欧几里德从人体的比例中建立起来的。希腊的神殿和米罗的维纳

斯雕像的基本尺寸亦应用了黄金比例，因此也被称为"神圣的比例"。黄金比例被当作支配大自然和生灵万物的结构，并作为支配艺术结构原理的规范（图 2-14、图 2-15）。它所分隔的形具有整体的协调性。黄金分割比从古至今被许多绘画、设计、建筑作品所应用。

2. 比例系统——模度

现代著名建筑师勒·柯布西耶把人体尺度和比例结合在了一起，并提出了"模度"设计体系。他把高度文明的社会所用的度量工具视为"无比的丰富和微妙的，因为它们造就了人体数学的一部分，优美、高雅并且坚实有力，是动人心弦的和谐之源——美"。因此，勒·柯布西耶将他的

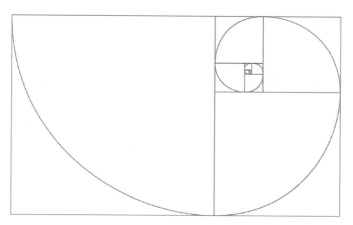

图 2-14　黄金分割图　　　　　图 2-15　黄金分割螺形构图示意图

小贴士

黄金分割比例又称黄金律，是指事物各部分之间一定的数学比例关系，即将整体一分为二，较小部分与较大部分之比等于较大部分与整体之比，等于1:0.618。这一比例被公认为最具有审美意义、最具美感的比例，因此被称为黄金分割比例。

度量模度建立在数学的黄金分割比、斐波那数列和人体功能数据的基础上。

勒·柯布西耶还创造了红尺与蓝尺，用以缩小与高度有关的尺度等级。这一模度尺一直影响到现在，并为空间中设计的统一化、国际化奠定了坚实的基础。

案例分析

哈佛大学图书馆内部空间以及事物的结构基本符合模度尺系统。书桌、座椅、书架、门窗、台灯等附件均根据人类活动的规律，按模度尺系统对各种行为的尺度进行设置（图2-16）。这样设置的活动空间符合人体科学，是最为舒适的行为活动尺度。

3. 比例与视觉感

在一个空间中的各个部件之间灵活运用各种比例关系，可以组合建立起连贯舒适的视觉关系。它是改善统一性和协调性的重要手段之一。

4. 空间比例感

（1）空间围合的比例以及由此产生的空间感程度，一般取决于室外空间中的人与周边环境的距离。按照加里·罗比内特在《植物·人和环境质量》一书

勒·柯布西耶认为，模度是一个符合人体尺度的和谐的尺寸系列，普遍适用于建筑和机械。

图 2-16　哈佛大学图书馆

中所提出的标准，如果人与周围建筑物墙体的视距和物高比例为 1 ∶ 1，则该空间将达到全封闭状态；如果视距与物高比为 2 ∶ 1，该空间处于半封闭；若为 3 ∶ 1，则封闭感达到最小（图 2-17）。

（2）视距与周边景物的关系不仅影响空间围合，也会影响室外空间的使用性。在空间中当视距与物高比值小于 1 时，周边的物体就会向中心收拢，形成狭小的空间心理感受。要想使不舒适的空间围合感消失，在设计时最佳的视距与物高之间的比值应在 1 ~ 3 之间。当视距与物高比值大于 6 时，空间的开敞性最强（图 2-18、图 2-19）。

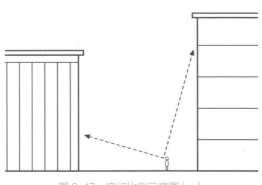

图 2-17　空间比例示意图（一）

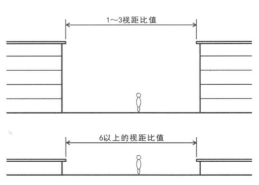

图 2-18　空间比例示意图（二）

图 2-19　福建土楼内部

四、空间、行为、场所

1. 空间

空间不仅能被直观感受到，同时也间接影响在其中活动的人群。在空间中放置一个物件，马上就会产生视觉上的关注，当另一物体被放入后，物体与空间、物体与物体之间就形成了空间，它们是可用语言和绘图加以表达和描绘的。

2. 行为

人的行为经常随客观条件的变化而变化，难以用固定的模式加以肯定。但是空间与行为却是相互依存的，倘若空间中没有任何行为的发生，空间则只是闲置场所。相反，人的社会行为如果没有空间作为依托，犹如生活在旷野一样，则无法实现其各种社会活动。所以，空间和行为只有相互结合才能丰富人的活动，才能构成具有社会意义的行为场所。

3. 场所

场所是指有意识地运用行为空间的场地，它根据人的需求、行为规律、空间活动特点、持续时间和使用频率等，以人为中心形成空间场所（图 2-20、图 2-21）。作为场所，一般应具有以下三个条件。

（1）具有较强的诱发力，能把人吸

图 2-20　苏州博物馆

图 2-21　深圳机场

引到空间中来，创造互动。

（2）能够提供特定活动内容的空间容量，能让参与其中活动的人停留到空间中。

（3）在时间上能保证特定活动持续所需的使用周期，发挥公共活动场所的效应。

因此，空间、行为、场所三者之间的关系是相互作用的，场所是空间和行为的最终体现，它又为行为和空间提供了展示的平台。

第二节
空间的感觉

当进入一个空间，人们便会直观感知到一个空间的形象。然而当人们尚未对空间的意义做出确切的评价时，对空间的感觉便早已形成。尤其是当我们所见的事物无法一眼就被详细解读，或者我们没有能力调查空间的全部时，感觉便唤起了我们对空间的期待。空间的感觉出现在我们意识中的每一个角落，它存在于语言、舞蹈、运动、心理学、社会学和经济生活中。

我们经历的空间必然从一种原始感觉而来，它是基于基本现实的构建能力，是对真实世界的反映。空间感觉是精神的构筑，是对外部世界的投影，也是一种思想。

通过对空间的认识，我们通常把空间分为物理空间、心理空间、知觉空间和维度空间四大类型。

一、物理空间

物理空间是指被各种类型或形态的实体所限定的、可借助工具测量的空间，也就是我们所说的"两者之间的距离"（图2-22）。我们通常可以利用一些实体物质，如建筑物或构筑物来体现这类空间类型（图2-23）。

图 2-22　花园屋

图 2-23　广东博物馆

二、心理空间

心理空间是没有明确边界却可以通过一定的心理暗示使观察者感受到的空间形式。一般在空间的形态上不创造清晰的内在或外在的实体边界，空间形态会随着观察者所处的方位不同而产生不同的心理触动，形成独特的吸引力（图2-24、图2-25）。

图2-24　国家大剧院内部

图2-25　新加坡植物园

格式塔心理学与建筑空间

小／贴／士

从1912年格式塔心理学基本观点通过伟特曼的《似动的实验研究》一文发表开始，"完形论"就开始在心理学领域中建立它的框架。大致于20世纪中叶，建筑学开始与心理学形成交叉学科，建筑师们将"人""环境""建筑"统一起来进行研究，格式塔心理学派认为机体的生理过程是心理过程的基础，是行为环境和地理环境之间的媒介物。同时格式塔心理学认为心理现象最基本的特征就是意识经验中显现的结构性和整体性。整体是先于部分而存在的，它具有的形式和性质不是取决于其中的部分，而是取决于作为一个整体的情景。总体来说，格式塔强调一个整体的概念，从整体来考虑和分析事物。在建筑设计过程中，正是需要建筑师时时从整体回顾方案所要涵盖的信息，从宏观的角度对场地中各种信息进行分析和整理，建立起从"人—环境—建筑"综合考虑的框架，从而做出更完整的判断回应各个因素。可以说，一个方案对场地信息回应程度的完整性就是建筑设计方案的格式塔性。

三、知觉空间

知觉是事物本身所具有的特性直接作用于人的感觉器官，再通过脑部的信息处理对客观事物进行整体的判断和认定的过程。

通过对空间中物体距离、形状、大小、方位等特性的知觉感触的研究，发现两个视网膜上的映像会略有差异，从而形成观察空间物体关系的重要判断依据。这种差异能使人通过左、右两眼的二维成像在视网膜刺激的基础上形成三维空间映像。由此可以解释，为什么当人用一只眼睛观察物体时容易在距离感上产生误差。由此发现不同的环境在心理上产生不同的空间感。

1. 空间紧张感

紧张是指物体受到几方面的作用力后所呈现出的一种密切状态。空间紧张感有两个方面的含义：一是物体的形态具备从原状态脱离的倾向，而从心理感觉上形成一种新的感触形状、形态（图2-26）；另一个是两个分离的形态构成一个整体的、具有空间性的最大距离，这种手段多用于创造具有动势的空间，如果在空间中超越这个最大距离，则使整体形态分散而不能成为一个整体，小于这个最大距离，虽然能构成整体形态紧凑感，却能感觉到两个形态过于拥挤。当然这种拥挤也与所限定物体的高度、深度等有关。当两个形态构成适当的距离时，其所夹持的空间就具有了扩张感（形成体感的张力组合），如在空间处理形式上就有引导与暗示相结合的手段，即通过狭长的容易产生紧张感的空间形态，诸如道路、桥梁、地面铺装等来诱导观赏者向往和期待的心理和情绪，以此来引导产生主要空间表现手段（图2-27）。

2. 空间进深感

进深指建筑物纵深各间的长度。空间进深感是指在有限的、可以借助工具测量的距离中，创造心理上的不同形态和深度的空间感觉（图2-28），目的在于扩展整体空间感触，通过借助透视等手段制造悬念，造成与实际尺度不完全相符的空间感觉（图2-29）。

3. 空间流动感

流动指物体改变原有的位置或姿态

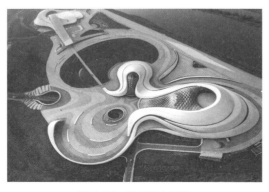

图2-26 哈尔滨大剧院

图2-27 空间诱导

图 2-28　室内空间进深感

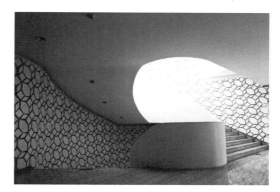

图 2-30　室内空间

图 2-29　高迪建筑

图 2-31　腾讯众创空间

所进行的空间移动。空间流动感的创造主要借助观赏者在空间中的运动和视线穿透来实现，在空间安排中多利用空间引导与暗示的手法，使空间形态中的开敞性和导向性的组合形式更加丰富多变（图 2-30）。但这种形式又不同于我们所说的导视系统，因为从根本上讲，空间流动感完全借助空间形态来完成，而导视系统需要展示文字说明来实现自身的功能。流动感一般利用空间组织中的各类形态使观者无意中沿着预先设定的方向或路线从一个空间转入另一个空间（图 2-31）。

（1）在较开阔的空间内，借助形态曲折的空间立面，利用人们对立面造型的运动感产生心理依附，吸引人们视线向前行走，最终达到设计目的（图 2-32、图 2-33）。

（2）在共享空间内，设置垂直交通工具，使人们对视觉范围以外的空间产生好奇心理，促使观者朝隐藏空间移动（图 2-34、图 2-35）。

（3）在较封闭的空间内，设置具有通透感的隔断，利用造型处理将内部空间含蓄地展现给欣赏者，使人们对遮挡的空间产生好奇心与兴趣，从而满足人们想要进入遮挡空间的心理需求（图 2-36、图 2-37）。

4. 空间渗透感

渗透指两种物体慢慢地透入或穿通，

图 2-32　扎哈哈迪德设计建筑

图 2-35　颐和园

图 2-33　广州大剧院

图 2-36　萨莫拉省办公厅建筑空间设计

图 2-34　电梯

图 2-37　内部空间

促使两者产生一定的共性。空间渗透感指打破原有空间隔阂、分裂的形态，通过空间在彼此之间的穿插、相互借用达到共生的状态，即"你中有我、我中有你"的意境（图 2-38、图 2-39）。

5. 空间扩张感

扩张指使物体扩大、张大。空间扩张感指增强心理尺度的扩大感，主要是利用视错觉造成，可借用一些心理引导和心理暗示来完善此空间形态。空间的扩张表示手法包括垂直向扩展、水平向扩展、创造和利用复层空间、扩大顶部限定面积等手段。在水平界面和垂直界面中，可以借助各种造型带给人的不同感触来增强空间

图 2-38 颐和园

图 2-39 园林

的扩张感（图 2-40）。如利用材料本身的横向、竖向纹理造成扩张或收缩的感触，或利用光影的设定来增强空间感（图 2-41）。另外，在空间中，采用空间物体的相互借用来体现空间的扩张感，这在中国传统园林中最为典型。

6. 空间错视感

错视是我们感官知觉中的视觉进行常规判断时，同所观察的实际事物特征之间存在的矛盾（图 2-42）。

当观察者发觉主观认识和观察物之间在形态、大小、空间等方面不符时，就产

图 2-40 机场空间

图 2-42 传统园林

图 2-41 空间感

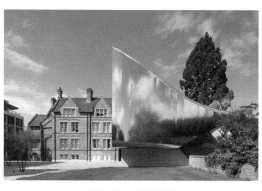

图 2-43 错视建筑

生了错觉。在设计时，借用此感官特征来创造带有特定含义的空间类型成为空间设计的有效手法之一（图2-43）。

四、维度空间

任何一个客观存在的空间形态，都是由不同虚实视觉媒介界面围合、限定而成的，并且界面的数量要在两个以上才能形成视觉感知的空间形态。面是最主要的空间限定实体，其次，线的排列（包括纵横线交织的网格）也可以表现出面的限定效果，然而其限定程度弱于实面。简单的线和块的限定只能成为注意力集中的焦点，并不分隔空间。

1. 点限空间的感觉

所谓点限空间，是指由相对集中的点构成的空间形态，也指空间形态与点形成相对的体量关系。它与二维空间群点带给人的感受类似，给人以活泼、轻快和运动的感觉（图2-44）。

2. 线限空间的感觉

所谓线限空间，是指用线体材料的排列和编织所限定的空间形式。线限空间具有轻快感，可以创造出朦胧、透明的空间效果，具有抒情的意味。由于线对于空间的限定性感觉很弱，就形成一种半透明的空间。用线体材料限定空间，由于它的结构方法、形状、方向、色彩不同，可以创造出各种不同的空间形象（图2-45）。

3. 面限空间的感觉

所谓面限空间，是指用面体来限定空间的形式。由于面体可以构成各种空间形态，所以它给人的感觉也是多样而复杂的。面限空间分为曲面限定空间和平面限定空间两类。曲面限定空间给人以丰富、柔和、抒情的感觉。平面限定空间给人以单纯、朴实、简洁的感觉。在平面限定空间中，垂直空间形态给人以庄严、崇高、肃穆和向上的感觉。水平空间形态给人以平易近人、亲切、开阔、舒展的感觉（图2-46）。倾斜空间形态则给人以活泼、清新之感（图2-47）。倾斜空间由于角度的不同，还会给人以压抑、动荡和危机等的感觉。

4. 矩形空间

由面体限定的矩形空间形态，由

图2-44　点限空间

图2-45　线限空间

图 2-46　面限空间

图 2-48　科隆大教堂

图 2-47　倾斜空间

图 2-49　建筑空间

于限定媒介的尺度和比例不同，因此产生不同的视觉心理。若空间的高、宽、深相等，则具有匀质的围合性和向心的指向感，给人以严谨、庄重、静态的感觉。窄而高的空间使人产生上升感，因为四面转角对称、清晰，所以又具有稳定感，可以获得崇高、雄伟、自豪的艺术感染力（图 2-48）。水平的矩形空间由于长边的方向性较强，所以给人以舒展感；沿长轴方向有使人向前的感觉，可以营造一种无限深远的气氛，并诱导人们产生一种期待和寻求的情绪；沿短轴方向朝侧向延展，形成一种开敞、大气的气氛，但处理不当会产生压抑感（图 2-49）。

第三节
空间的类型

一、不同功能的空间类型

1. 环境空间

环境空间包含人工创造和自然的空间。在实际设计中我们需要努力协调这两种关系，使它们巧妙结合，组成一个有机的统一体，充分显示出它的存在价值和艺术表现力（图 2-50）。

2. 建筑空间

建筑空间不仅能够灵活展现各建筑造型要素的特殊魅力，还能为人们生活和工作提供形态各异的建筑空间形式。因此在

图 2-50　悬空寺

功能上建筑空间必须由结构实体来完成，并能与人的生活和谐地融合在一起（图 2-51）。人们会有意识地对空间进行再创造和再利用。这种空间感包括对空间的形态、容积、范围大小与空间限定程度所产生的封闭感和开敞感，以及对形态引起的视觉效应所反映出的社会心理、民族心理、审美心理等（图 2-52）。

3. 室内空间

室内空间是构成建筑空间的要素之一。它是建筑的灵魂，是人与环境的联系，是人类艺术与物质文明的结合（图 2-53）。它的特定功能、空间数量、形状、大小和相互关系等，决定了构成建筑实体的材料种类，各构件的数量、尺寸及结构与构造方式，也直接影响建筑内部形象和外部形象的总体造型（图 2-54）。我国前辈建筑师戴念慈先生认为："建筑设计的出发点和着眼点是内涵的建筑空间，把空间效果作为建筑艺术追求的目标，而界面、门窗是构成空间必要的从属部分。从属部分是构成空间的物质基础，并对内涵

图 2-51　香港

图 2-52　克里姆林宫

图 2-53　卢浮宫

图 2-54　诚品书店

戴念慈（1920—1991 年），江苏省无锡市锡山区东港镇陈墅村人，建筑设计大师。他数十年如一日，努力探索建筑学和建筑师应该如何为我国社会主义建设服务的问题，并为此作出了巨大的贡献。在他近 50 年的设计创作生涯中，重大建筑有 100 多项，其中著名重点工程有北京苏联展览馆、中共中央高级党校、中国美术馆、杭州西湖国宾馆、曲阜孔子阙里宾舍、辽宁锦州辽沈战役纪念馆及纪念碑、斯里兰卡国际会议大厦等，都达到了当时国内建筑的最高水平。

空间使用的观感起决定性作用。至于外形只是构成内涵空间的必然结果。"

二、不同结构的空间类型

1. 中心开敞型空间

中心开敞型空间是最为常见的空间形式，各个设计要素沿着空间周边布置，使空间呈现开敞的状态（图 2-55、图 2-56）。这种中心开敞型空间可被当作整个设计或周围环境的空间中心，在与其相关联的空间中占有主导地位，一般不受到外界的影响，具有较强的内向性，但这类空间不可布置在中心位置上。

2. 定向开放型空间

空间的围合通常因某一竖向立面的减弱而形成，因此构成空间的方向将指向开口边，并且具有极强的方向性，所以在总体空间中组织安排其因素的同时，必须保持空间方向的一致性。在选取定向开放空间的设计要素时，应该注意避免空间开口边的比例过大，否则空间形成的特性和围合感将会消失（图 2-57、图 2-58）。

图 2-55 圣彼得广场

图 2-57 佛罗伦萨市政广场

图 2-56 圣马可广场

图 2-58 佛罗伦萨市政广场地图

3. 放射型空间

这类空间由中心主导空间和向外辐射扩展的线性空间共同构成，其空间形态呈现出外向性（图 2-59、图 2-60）。一般中心区域多采用规则式几何设计，常运用圆形、矩形等形状。放射型空间多根据使用功能、场地条件、方位等因素进行形式上的变化，从而产生不同的空间形态。但在空间中采用的设计要素都为中心主导空间服务，其目的是将视

图 2-59 星形广场

图 2-60 星形广场地图示意图

线引导至空间中心点上。

4. 网格型空间

网格型空间是利用建筑结构的轴线平面网格，组成空间网格单元，沿承重网格把空间分隔成若干部分，使各个单元具有一定的秩序性。即使是自由组合，网格也能使空间呈现统一感。空间网格决定建筑物的开间、进深、柱距、跨度、层高等主要空间控制要素。在基本的网格基础上采用增加、减少、倾斜、中断、旋转、插入、交替、套叠、平移、混合、自由划分等手法，构成形态多样的空间形状。这种空间形状比较适合于交通线路的组织，多见于展览场馆、工业厂房等空间的组织。

案例分析

由隈研吾设计的中国美术学院美术馆位于郊区，周围环境优美（图2-61、图2-62）。美术馆形态与倾斜的地形相结合，与环境相互融合却并没有侵入自然环境中。菱形网格的建筑形态创造了流动性的展览空间，交替变换的层高和空隙，将参观者带到被自然景观包围的户外区域。当地原生的建材和回收再利用的材料让建筑看起来像从土壤中生长出来。

5. 组合式线型空间

组合式线型空间与直线型空间的不同之处在于它并非是简单的、从一端通向另一端的笔直空间，这种空间形态在拐角处一般不会终止，而且各个空间时隐时现，从而形成不同形态的空间序列（图2-63～图2-66）。穿行其中会带给人不同的视觉感触，并增添空间情趣。

6. 串联型空间

串联型空间是由若干单体空间按照一定的顺序和方向相互串通、首尾相连从而形成的空间系列。在这种空间组合形式内，各个使用空间直接连通，具有明显的方向性，并显现出运动、延伸、增长的趋势；具有可变的灵活性，容易适应环境条件，有利于空间形态的发展。按照空间构成方式的不同，可分为不同的组合方式：直线式、折线式、曲线式、侧枝式、圆环式等。这种空间类型所具有的特征适用于商场、博物馆等空间组织（图2-67、图2-68）。

图2-61　中国美术学院美术馆俯视图

图2-62　中国美术学院美术馆

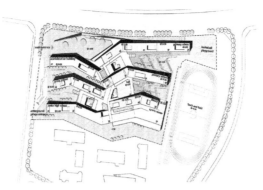

图 2-63　山西兴县 120 师学校教学楼平面图

图 2-66　山西兴县 120 师学校教学楼广场

图 2-64　山西兴县 120 师学校教学楼内部

图 2-67　南京博物院

图 2-65　山西兴县 120 师学校教学楼室外

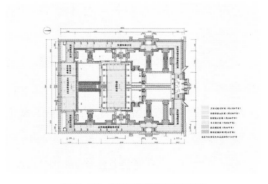

图 2-68　故宫新雕塑馆平面图

第四节

空间构成的要素

　　了解空间的构成要素必须要充分认识要素的种类以及属性。需要注意的是，了解空间构成要素并不是主要目的，更重要的是要了解要素在空间的表达上所起的作用。

一、点

1. 点的定义

　　几何上把两条线的交叉处称为点，在空间中点表示的是一个位置，是最简洁的造型要素，是设计语言中最小的单位。点的形状可以是任意的（图 2-69）。

图 2-69　点的形态

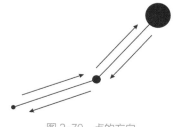

图 2-70　点的方向

点在空间中进行设计时必须具备大小、体积、形态等特征，同时要有明确的方向引导特性，这样才是符合空间设计意义的点（图 2-70）。

2. 点的特性

点在空间中能够强烈地吸引视觉注意力，并能引起空间紧张感。

（1）点是设计语言中的最小单位，通过各种手段，能组成不同空间形式，创造出不同的空间触动感。

（2）利用连续的点可以创造出空间中虚体的线。

（3）利用等间距排列的点可以创造出虚体的面。

（4）利用排列组合，点可以创造出各种节奏性空间和时间性空间。

3. 点的空间构成方法

（1）点和它所处的空间之间，形成一种视觉上的紧张关系。

（2）当一个点偏离中心时，它所创造的空间就带有一定的动感，并成为视觉绝对控制中心（图 2-71）。

（3）如果要明显地标出点在空间里或地平面上的位置，必须把点投影成一个垂直的线要素，如一根柱子或者一座塔。应该注意：一个柱状的要素在平面上是被看作一个点的，因此它还保持着点的视觉特征（图 2-72）。在空间中具有点的视觉特征的派生形式还有圆、圆柱体、球体等。

（4）两点连接起来是一条线，虽然

图 2-71　三潭印月

图 2-72　亭子可以看作空间中的点要素

两点限制了线的长度，但此线也可以被认为是一条无限长轴上的一个线段（图2-73）。

（5）在空间中，由柱状要素或集中式要素所形成的两个点，可以限定一条无形的轴线，中国传统建筑群落中常用此手法组合建筑形式和空间形态（图2-74）。

二、线

1.线的定义

点的移动轨迹称为线。点排列得越紧凑、越密集，线的特性越强，点排列得相对分散些，就会形成心理上的引导线，但如果两点间的距离过长，则线的引导性变弱。线在空间中有极强的方向性和引导性，

在空间中通常借用一条线来描述一个点的运动轨迹。

2.线的特性

（1）利用曲线的特性进行空间的创造。

曲线是设计中运用广泛的自然形式之一，曲线是柔软的、复杂的，具有动感的，它在空间的构成表达形象中，富有感情并带有神秘感（图2-75）。曲线具有起伏感，会让人产生上下波动的感觉。一个平直的线在空间中缺乏垂直限定因素，利用起伏的斜坡和高点占据垂直面的一部分，从而形成空间感，可以限制和封闭空间（图2-76）。曲线斜率越高，空间感越强。另外曲线能带给空间以松散的、非正式的

图2-73　人民英雄纪念碑

图2-75　福建土楼

图2-74　古代建筑造型呈轴对称

图2-76　乾隆款豆青釉回纹象耳尊

感觉。

（2）利用直线进行空间的创造和引导。

一般来说，自然空间形态可以用一个软质的随机边界或一个硬质（如断裂岩石）的随机边界来表示。直线的性格挺直、单纯，具有男性的特征。在空间中，常见到的直线有垂直线、水平线和斜线三种形式。垂直线表示高洁、希望，给人以紧张感、上升感（图2-77）。水平线表示平和、宁静，给人以安定感（图2-78）。垂直线与水平线有助于提高视觉上的高度与开阔度，但使用过多会产生单调感。斜线在空间中具有运动感，如果能将这种斜线的形式连续运用，就又具有了空间中连续的运动感（图2-79、图2-80）。

（3）利用自由线进行空间的创造和丰富。

自由线的起止不像直线、曲线的运动，有一定的规律可循。自由线产生的动态效果使整体空间显得更加生动、活跃。

3.线的空间构成法

（1）线的方向影响线在视觉构成中的作用。偏离水平线或垂直线的线称为斜线。斜线是动态的，是视觉上的活跃因素，因为它处于不平衡的状态，因此合理地运用斜线是处理动态空间有效的手段之一（图2-81）。

（2）垂直线可以表达围合限定的状

图2-77 帕特农神庙

图2-79 室内楼梯

图2-78 隈研吾建筑空间设计

图2-80 卢浮宫

图 2-81　隈研吾空间设计

图 2-82　华表

图 2-83　儿童攀爬架

态，也可以标识出空间中元素的位置（图2-82）。垂直的线要素可以限定一个明确的空间形状。一般可以利用它的视觉紧张感或空间心理引导作用来创造不同的空间状态。

在空间形态设计中可以利用线的不同构成形态，创造出不同的空间感触（图2-83）。

（3）曲线在空间表现中具有极强的向心性，根据不同的曲线围合形状，其向心性也会发生改变（图2-84）。

（4）在空间设计中，一条线可以是假想的构成要素，比如轴线，它是空间中两个彼此分离的点之间建立起的视觉控制线，在轴线控制中各个要素则服从于轴线

对称布置（图2-85）。

三、面

1. 面的定义

面是线的移动轨迹。当线移动时，就会形成二维的平面。面在空间中只有大小和厚薄之分，面的外形就是它的形状。当面的形态超越一定的厚度和尺度时，就转化为体。

面在空间中的形态通常是以各个界面的形式和状态来决定的，不论平面还是曲面，均比点要素和线要素有更明确的空间占有感。

2. 面的特性

（1）面具有极强的创造力和情感特

图 2-84　普拉竞技场

图 2-85　天坛

非线性建筑

非线性建筑是一种连续流动状的形体，这种形体来自于对建筑性能及周边环境因素的分析。建筑的设计过程即是对各种建筑影响因素的研究，并通过提炼和综合，将各种影响因子从概念发展到形象，作为建筑的最终形体。流动状的非线性形体不仅在形体的生成上依赖于计算机软件技术，并且在形体的建造上依靠于计算机辅助制造技术。

非线性建筑往往是一个开放的有机整体，它强调与周围环境的融合；非线性建筑的整体与局部的关系经常是同构关系，具有自相似性；非线性建筑善于利用新型建筑材料，除了基本物理性能大大增强以外，新型建筑材料更智能、更环保，与人和自然环境的关系更亲和；非线性建筑是一种自由形态的建筑，建筑往往体现出模糊性与不确定性，以此将建筑中一些隐性的东西展现出来，这些异性界面下往往隐藏着目的性、逻辑性极强的设计理念。

征。平面较单纯，具有直截了当的感觉；垂直面有紧张感；水平面平和静止，有安定感；斜面能打破固有的秩序，具有动感（图2-86）；曲面温和柔软，具有很强的亲和力，与平面呈对比的性格，因而这两者组合将会产生对比，能够加强空间的效果。

案例分析

上海世博会的西班牙馆（图2-87）外墙由藤条装饰，通过钢结构支架来支撑，用钢丝斜向固定，整个场馆呈现波浪起伏的流线形。场馆外形流畅灵动，藤板铺盖的技术使建筑轻盈又具有动感，体现了西班牙的文化精神。

（2）不同的界面形状带给人不同的空间感触。圆形是一种紧凑而内向的形状，它表现出形状的一致性、连续性和构图的严谨性。它在空间中具有稳定和以自我为中心的特性（图2-88）。三角形具有稳定感。当站立在三角形一边的中心时，它显现出稳定感；当移动到其中一个顶点时，它就处于一种不稳定状态（图2-89）。由于三角形的三个角是可变的，比起正方形或矩形更加灵活多变。同时三角形还可以进行形状组合，从而形成方形、矩形以及其他多边形。正方形表现出单纯与理性。它的四个角和四条边显现出规整和清晰的外在形态。但它在空间中没有暗示性和引导性。各种矩形都可以看成是正方形的变形。尽管矩形的稳定性可能使人感到单调

图 2-86 室内空间

图 2-87 上海世博会的西班牙馆

图 2-88 南洋理工大学

图 2-89 创意建筑设计

图 2-90 巴西方块别墅

乏味，但改变它们的大小、比例、色彩、质地、布置方式等因素，可以取得丰富多样的效果（图 2-90）。

3. 面的空间构成方法

（1）走出平面。所有空间设计都是从平面设计开始的，所谓走出平面，就是在平面设计的基础上将平面图形立体化和空间化，这是我们进行空间设计的手段之一。

（2）从平面上切割图形构成空间。只要沿平面上的图形线作切割（完全切割或留一个部分相连），通过折叠、弯曲使之与原平面脱离，并进行新的空间组合。这种空间有以下显著特征。

① 它具有平面构图和空间构成的双重意义。

② 该空间可以恢复为一个平面。

③ 该空间具有平面上的负形（被切割后的残余形）和空间中的正形（脱离平面中的形）相呼应的组合关系。如果材料具有一定的厚度，则这一效果更加显著。反过来，这又成为空间构成的思考方式之一。

（3）把平面形态作为空间的影像从

而想象成为新空间的形态。任何一种实体形态的投影和表象都会反映在一个平面区域内。这个平面区域的构成形态由该物体的特征及其各部分与自身相对应的投影所处的位置关系而决定。一个投影的线，可以表示一条线，也可以表示一个与空间垂直的面。

我们对许多空间的认识，最早是基于对平面图形的识别。因此，只要有一个平面图形，就可以利用它变化出各种立体和空间形态来。

四、体

1. 体的定义

面被移动时，就形成体。体具有一定的体量感，即长度、宽度、深度和量度。体可以看成是实心体和空心体，其产生的体量感会随着内部空间面积的增大而减小。

2. 体的特性

实体带有一定的体量感和重量感，因其外形的不同，会产生不同的感受。球体具有运动感；方体具有完整感；三棱锥体具有稳定感。

3. 体的空间构成方法

形是体所具有的可识别的外在特征。它的这一特征是由面的形状和面之间的相互关系所决定的，这些面能表示出体的界限与体的相关外形。所有的体都可以被理解为以下部分。

（1）它是由一个顶点和几个相同形态或不同形态的面在此相交形成的。

（2）它是线、面相交形成的。

（3）它是面和限定体的界线形成的。

在体块的构成方式中最为常见的造型手段是分割和聚集。分割的手段有等分分割、比例分割、平行分割、曲面分割、自由分割等（图 2-91）。体块进行分割和聚集后的各个部分成为构成空间新的造型要素，再通过位移、错位等手法重新组合形成新的形体，但必须保持原有的体量感（图 2-92 ～图 2-95）。

五、运动

当一个三维形体被移动时，就会感觉到运动。一个运动着的物体必然涉及方向这一重要特征，同时把第四维空间——时间也转化成了设计元素之一。人的运动是有一定规律可遵循的，人们对环境的反应就是建立在寻求、认知特定形态的能力和需求上，这种需求对特定形态要素的感知影响着我们的行为特征。一般来讲，空间中的斜线与波浪线能给人以较强的运

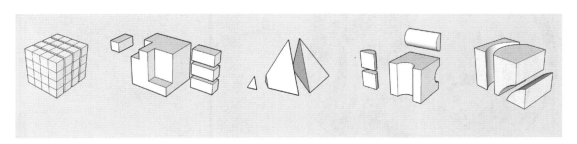

图 2-91　体块的构成

图 2-92　荷兰鹿特丹方块屋

图 2-94　金字塔

图 2-93　古根海姆博物馆

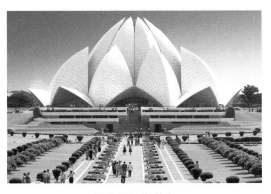

图 2-95　莲花寺

色彩是通过眼、脑和人们的生活经验所产生的一种对光的视觉效应。人对颜色的感觉不仅由光的物理性质所决定，还受周围颜色的影响。

动感，所以当人处于倾斜的界面中时，就容易产生不稳定的感觉（图 2-96、图 2-97）。

六、色彩

所有的物质都有内在的色彩，它们能反射不同的光波，产生冷暖、远近、轻重、大小等不同的视觉效果。一般来说，暖色系和明度高的色彩具有前进、凸出、接近的效果，给人以扩散、扩大的空间感受（图 2-98）。而冷色系和明度低的色彩则具有凹入、远离的效果，给人以收紧、缩小的空间感受（图 2-99）。在空间中，明

图 2-96　古根海姆博物馆

图 2-97　中国美术学院美术馆

图 2-98　暖色系

图 2-99　冷色系

亮的饱和色更引人注目。对比色的色相和饱和度也能限定出形状，如果明度相近，对空间的限定就会比较模糊。因此，我们通常可以借助这些色彩的特点去设计空间的大小、高低、体积和空间感，使各个部分之间的关系更和谐。

七、质地

　　肌理是物体的表面特征，也指物体的质感，它是一种具有特殊表现力的造型要素（图 2-100、图 2-101）。肌理由均匀细小的形态组成，是物象表层形态直接的反映。人们不仅在自然万物中感知无穷无尽的天然肌理，同时也不断地创造新型的肌理。它对于空间的视觉最终表现效果是一种不可或缺的重要元素。在现代空间设计中，可以改变物体表面反复出现的点或线的排列方式使物体看起来粗糙或光滑，即用某种触摸到的感觉来强调某些特定空间。

　　质地的相对尺度也可以影响空间中一个面的外形和位置。如粗糙的质地可使一个面感觉更亲近些，从而可以减小其视觉上的实际尺度，同时加大视觉上的重量感。与其他设计元素相比，质地有一定的规律性，能引起普通人对它的心理体验和共鸣。因此，质地最终成为空间构成里选用材料和围护界面材质的决定性因素。通常来看，光洁的材质表面上容易看到尘埃，但较易

图 2-100　石头材质空间

图 2-101　木材质空间

清洗。粗糙的材质表面耐脏，但清洁较困难。因此，木、石、金属、塑料、玻璃等因其不同的材质特性对空间的创造和影响是不同的。

第五节
空间的形态

空间形态是空间环境的基础，对空间氛围的营造起着重要的作用，其中空间的形状对空间的形态起着决定性的作用。在日常生活中，我们常见的多为规整的几何体空间，如长方体、正方体等，不同的空间具有不同的造型特色，会带给人不同的空间感受。长方体空间有明显的方向性，其中水平长方体有舒展感，垂直长方体有上升感（图2-102）；三角锥体空间有强烈的提升感；圆柱体空间有向心性、团聚感；正六面体空间各个方向均衡，具有严谨性、庄重感；球体空间具有内聚性，有强烈的封闭感和压缩感（图2-103）；环形空间具有明显的指示性和流动性（图2-104）；拱形空间具有沿着轴线向内聚集的向心性等（图2-105）。因此我们可以利用各个空间的形体及其相互关系，创造出丰富多样的空间形态。

一、空间的限定

空间是由各类空间边界组成的，不同的围合形态对空间的限定感觉是不同的。但总体来说，空间边界越弱，其限定就越不明确，空间存在的感觉就越弱（图2-106）。在建筑空间内，空间的限定感会随着垂直界面内形态的变化而变化。

二、空间的形态

1. 空间的抬升

抬高一个界面，使它高于周边环境，随着抬升的程度不同，带给人的空间感受就会发生转变（图2-107）。

2. 空间的下沉

利用空间的下沉，能创造出空间的独立感，体现某种程度上的保护性和围护感（图2-108）。

图2-102　垂直长方体空间

图2-103　球体空间

图 2-104　环形空间

图 2-105　拱形空间

图 2-106　居住空间

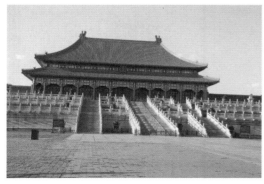

图 2-107　故宫

图 2-108　淡路梦舞台

3. 空间的顶部占有

（1）空间的顶部可以为顶部以下的空间提供隐蔽处，对它覆盖之下的物体提供物质上和心理上的保护。

（2）人对空间的感触首先取决于顶部的高低，通常情况下高大的顶棚会给人以壮观感和距离感，低矮的顶棚会让人产生近距离的温馨感（图2-109、图2-110）。

（3）不同造型的顶也能带给内部空间不同的空间触动感。单坡、双坡和拱顶能给空间以方向性；穹顶、攒尖顶能强调出空间的中心（图2-111、图2-112）。

4. 空间的分隔

空间分割是在外形完整、形态单纯的空间内部将整体空间划分成若干个子空间的手段，其构成形态在外部形态上仍然保持原有的单纯整齐感，而在其内部空间产生丰富的变化（图2-113）。这种表现方式是空间构成设计中最为普遍的一种。

室内空间可以通过利用部分切面切断空间来将整体空间分隔成几个空间，同时又不影响空间的完整性（图2-114）。通过部分封顶将空间隔成两层，同时保持中部镂空使上下空间保持流通，并且使光线能够照入整个空间，使整个室内空间在视觉感受上宽敞、明亮又富有变化。

5. 空间的包容

在一个整体的空间内部，将多个子空间完全设置于一个整体的空间内，或

图 2-109　高顶空间

图 2-111　四川艺术工厂

图 2-110　低顶通道空间

图 2-112　中国传统建筑

图 2-113　分隔空间(一)

图 2-114　分隔空间(二)

者有意识地对它们进行重新组合，在空间形态上，内部和外部空间可以是同一种形态，也可以是不同形态。通常是大空间中包含着小空间，两个空间能产生视觉与空间感的连续性。但各个子空间的相互组合关系是处理好整个空间的基本保障。

（1）在包容式空间中，大空间与小空间在尺寸上应有明显的差别，其尺寸差别越大，包容感就越强；尺寸差别越小，包容感越弱（图 2-115）。

（2）在包容式空间中，当大空间与小空间在形状上相同但方向不同时，小空间在整体空间中具有较强的吸引力，容易成为整体空间的中心（图2-116）。

（3）在包容式空间中，当大空间与小空间的空间形状不相同时，表示两者具有不同的功能，相对独立，并着重强调小空间具有特殊的空间意义（图2-117）。

6. 空间的聚合、分割

自然形体的另一个特性是二元性。它将聚合和分割两种趋势集为一体：一方面，各元素聚合在一起，组成不规则的形状；另一方面，各元素又彼此分离构成不规则

图 2-115　空间雕塑

图 2-116　建筑艺术

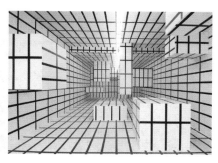

图 2-117　视觉装置艺术

的空间形态。

把多个呈现相互分离状态的空间造型体，以美学规律将它们聚合为一个复合体，这种手法叫做聚合（图2-118）。在聚合的形态中，体与体之间就会产生丰富的空隙，形成一种空间形式，这种空间形式就形成了空间中的另一种表现形式——消极空间。

从根本上来讲，某个整体既是属于更大整体的部分，又是被分割的整体，聚合与分割是相互依存的关系。通常我们是通过最简单的一个圆形或方形这种单位形，运用同一单位形态以多个数量的相加或相减而获得一个空间，还可以通过一定的美学规律进行编排，获得较为复杂的造型。例如，利用重复手法的聚合，可以是基本形的绝对重复，也可以是广义上的重复，即只在基本形的某些视觉元素上进行重复处理，而在其他元素上运用近似或渐变等处理方式，产生韵律感，以此来创造出不同的个性空间。对比是选用形态差异较大的形体作为组合要素，按照一

定的轴线关系或美学规律聚合成均齐形态，其形成的空间具有一定的稳定感。

7. 空间的穿插、交错

利用空间的穿插、交错手法形成水平、垂直方向空间的流通，这种手法是扩大空间感的造型手段之一，对丰富空间层次和形态有着积极的作用（图2-119、图2-120）。

8. 空间的并列

空间的并列是通过某种方式把多个空间形态组织到一起形成一个统一体的空间构成形态，使用这种手法必须要将多个形态各异的几何形体相融合，并且避免每个空间形态成为过于突出的表现点，也就是说要使每个空间形态都尽量保持各自的外形轮廓与空间表现形式，要求每个子空间既要内容丰富，又要被整体空间兼容（图2-121）。

9. 空间的序列

空间的序列是按照一定的内在关系，将一些连续的、独立的空间场所在空间中

图2-118　客家土楼建筑群

图 2-119 红屋

图 2-121 布达拉宫

图 2-120 广东科学中心

图 2-122 序列空间

以若干空间层次相继出现（图 2-122）。这些空间以特定的通道相互连接，使观者感触到不同类型、不同强度的空间边界。空间序列的线路设计，一般可分为直线式序列、曲线式序列、循环式序列、迂回式序列、盘旋式序列、立交式序列等。总体来说，空间需要运用综合空间组织处理手法，把个别性、独立性的空间组织成为一个有秩序的、有变化的、统一完整的空间集合群体。

10. 空间的主从

由多个空间的子要素组成的整体型空间，每个子要素空间在整体中所占的比重和所处的地位都会影响到整体的统一性，因此要根据空间的主体形态和使用性质来安排空间组织间的关系。如果所有的子要素在安排上都处于均等的地位，不分主次，这样就会影响整体空间的效果。一般来说，在空间主次的安排上要充分表现出空间功能的原则和特点，突出其重点空间的中心位置。

（1）以大体量的主体空间为中心，其他附属或辅助空间环绕在主体空间的四周，这种空间形态的特点是主体空间十分突出，主从关系异常分明（图 2-123）。另外，由于辅助空间都直接依附于主体空间，因而与主体空间的关系极为紧密。

图 2-123　主从空间

图 2-124　趣味空间

（2）将"趣味"主题设计为整体空间中的重点，利用趣味性来打破平淡或松散的空间形态，从而形成空间中的主与次的关系（图 2-124）。

11. 空间的变化

在空间的创造过程中，我们通常可以对单纯形体采用削减、增加、变形的设计手段，使空间衍生出新的形态，同时也可以采用与相邻空间重新再组合的方式，创造出各种类似凹龛的空间形态，以便让它与周边环境、地貌相适合。

（1）削减变化。可以通过削减部分容积要素的方法来进行空间的变化（图 2-125、图 2-126）。其结果可能还会保持原有的空间形态特征，也可能会变化成为另一种类的空间形式。

（2）增加变化。可以通过增加部分容积要素的方法来进行空间的处理。增加的容积要素的大小、形态、数量、位置决定了其与原有空间的不同。这也是构成主从空间的主要手段之一（图 2-127）。

（3）形态变化。可以通过对单一几何形体进行拉伸、挤压、错位、穿孔等多种手段，改变原有形态的长、宽、高等空间形象，从而获得全新的空间形态（图 2-128）。

图 2-125　削减空间

图 2-126　福冈银行

图 2-127 圣母百花大教堂

图 2-128 波兰弯曲的房子

思考与练习

1. 空间有哪些特性?

2. 简述不同空间所形成的不同的心理感受。

3. 简述不同结构类型的空间的特征。

4. 空间构成的要素有哪些?

5. 不同的空间形态对空间氛围有怎样的影响?

6. 并列空间与序列空间有何区别?

7. 注意观察生活中不同类型的空间,并收集实例进行分析,巩固所学理论知识。

8. 用卡纸做至少 32 个大小相同的立方体,通过添加或去除部分立方体,对不同空间的构成进行深入研究。

第三章

空间构成的形式

学习难度：★ ★ ★ ☆ ☆

重点概念：空间形式、形式变化、韵律与节奏、形式美

章节导读

　　空间是人类所定义的概念，实际指人类活动聚集的场所，是提供参加社会活动的积极空间。设计师首先要考虑所面对的对象是"人"这一主体，只有符合人体工程学的特点，并按其活动规律，从空间形态、空间构成、空间的分隔方式等诸方面来创造符合人的行为的活动空间，才能创造出完美、合理的空间（图3-1）。

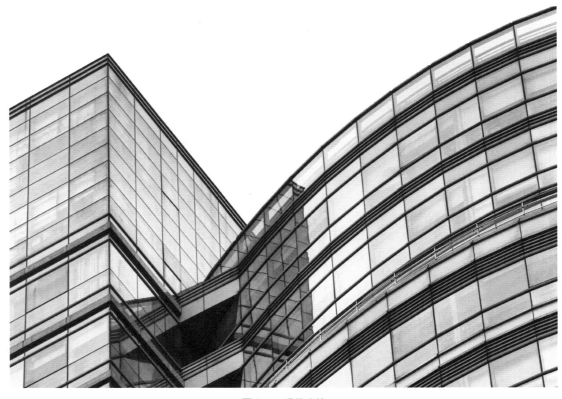

图 3-1 现代建筑

第一节
形式的属性

形式一般是指事物的外形构造，在艺术设计中，"形式"一词常用来表示作品的外形结构，即排列和协调某一整体中各种要素的手法，目的在于形成一个条理分明的形象。在空间构成当中，形式主要指的是空间组织的方式和表现手法。

一、形状

形状是由外轮廓界定的区域，具有一定体积和厚度。它往往是某一特定形式独特的造型或表面轮廓。形状是我们识别形式、给形式分类的主要依据。在实际空间中，不同的空间功能有不同的空间形状（图 3-2）。

形状的概念指明了一个界面的典型轮廓线或一个体的表面"边界"。若形式与其存在的领域之间存在一条轮廓线，形体便从其背景中分离出来。因此，我们对于形状的感知取决于形式与背景之间视觉对比的程度（图 3-3）。

二、空间

空间是由空间限定的构件围合或分割而成，因此形成了不同空间功能的"容器"。现代空间设计比较关注空间的实体（围合体）和"虚"空间的构成方式和语言特征。空间和空间围合体各界面的构成是空间设计中两个不可分割的方面（图 3-4、图 3-5）。设计时应用纯

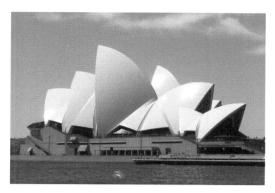

图 3-2 悉尼歌剧院

图 3-3 帆船酒店

粹抽象的形式去思维，摆脱具象化思维的"纠缠"。

三、尺度

我们知道比例是关于形式或空间中的各种尺寸之间秩序化的数学关系，而尺度在这里是指我们衡量一个物体与其他物体相比较的概念。因此，在空间设计中，处理尺度问题时我们总是把一个空间或相关构件与另一个空间或相关构件相比较，作为判断空间尺度的标准。尺度是由具体的尺寸和周围其他形式的关系决定的（图3-6、图 3-7）。

图 3-4 设计事务所

图 3-6 室内空间

图 3-5 餐厅空间

图 3-7 家居空间尺度

勒·柯布西耶的模度体系

模度体系又称模数理论。勒·柯布西耶从人体尺度出发，选定下垂手臂、脐、头顶、上伸手臂四个部位为控制点，与地面距离分别为86 cm、113 cm、183 cm、226 cm。这些数值之间存在着两种关系：一是黄金比率关系；另一个是上伸手臂，指尖高恰为脐高的两倍，即226 cm 和113 cm。利用这两个数值为基准，插入其他相应数值，形成两套级数，前者称红尺，后者称蓝尺。将红、蓝尺重合，作为横纵向坐标，其相交形成的许多大小不同的正方形和长方形称为模度（图3-8）。但有人认为勒·柯布西耶的模度不能为工业化所利用，因为其数值系列不能用有理数来表达。

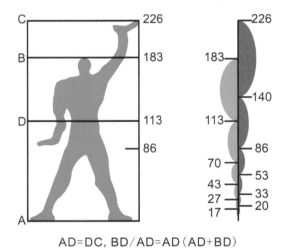

AD=DC, BD/AD=AD（AD+BD）

图 3-8　模度体系示意图

四、色彩

色彩是光与视知觉反映的一种现象，色彩是视觉语言中具有表现力的要素之一。色彩可以根据每个人对于色彩的知觉来描述。因此，色彩也是形式区别于其环境的最明显的属性，影响着形式的视觉质量（图3-9）。

五、质感

质感可分为触觉质感和视觉质感两类。触觉质感是三维的，可以用手感觉到。

图 3-9　北京三里屯建筑

视觉质感是二维的，通过眼睛来感受，可以引发触觉。这两类是通过实际触摸或视觉感受来获得对材料的各种感觉，从而赋予某一物体视觉特征以及一些特殊的触觉特性。真实材料产生的直接的触觉感受是一切质感研究的基础。抽象的质感既保持了原有材料的质感特征，又根据设计者的特定要求作了简化处理，空间设计中常常运用线条组织的图案来表达材料、环境和气氛（图 3-10、图 3-11）。

六、位置

位置是指形式所处的环境，或者用来观察形式的视域的特定地点。在不同的位置观看周围的空间，其心理感觉也是不同的（图 3-12 ~ 图 3-15）。

图 3-10 国家大剧院内部

图 3-13 处在空间当中

图 3-11 瓦伦西亚大教堂

图 3-14 俯视观察空间

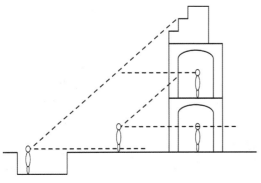

图 3-12 视角示意图

图 3-15 仰视视角

第二节
形式的变化

形式可以根据特定的环境和功能需求进行变化和创造。所有其他形式都可以被理解为是在球体、立方体、圆锥体、圆柱体这些基本形体上的变化，这些变化来自于基本形体量度多与少的处理，或者是形体要素的增与减。

一、量度的变化

通过改变一个或多个量度，形式就会产生变化，但作为某一形式家族的成员，变化后的形式仍能保持其特性。比如，一个立方体可以通过高度、宽度和长度的连续变化，变成类似的棱柱形式，也可以被压缩成一个面的形式，或者被拉伸成线的形式（图3-16、图3-17）。

二、削减式变化

一种形式可以通过削减其部分容积的方法来进行变化（图3-18）。根据不同的削减程度，形式可以保持其最初的特性，或者变成另一种类的形式（图3-19、图3-20）。

我们在能见的视野内总是寻求形式的规则性和连续性。如果在视野中，一个基本实体有一部分被遮挡起来，那么我们倾向于使其形式完善，将其视为一个整体，这是因为大脑填补了眼睛没有看到的部分

图3-18　削减形式示意图

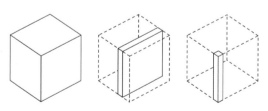

图3-16　量度的变化示意图

图3-19　希腊山顶小屋

图3-17　北京朝阳区写字楼

图3-20　国家会计学院

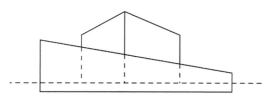

图 3-21 削减示意图

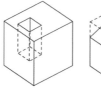

图 3-23 削减示意图

图 3-22 疆塔尔•曼塔尔天文台

图 3-24 中国民居

（图 3-21）。同样，当规则的形式中有些部分从其体量上消失，如果我们把它视作不完整的实体，这些形式则仍保持着自身的形式特性，我们把这些不完整的形式称为削减的形式（图 3-22）。

简单的几何形体（比如我们提到的基本实体），易于识别，非常适合削减处理。从空间形式中削减一些面积，使其形成一个凹进的入口式的类似庭院的空间（图 3-23）。假若不破坏这些形体的边、角和整体外轮廓，即使其体量中有些部分被去掉，这些形体也会保留其形式特征（图 3-24）。如果从某一形式的体量上移去的部分侵蚀了其边缘并彻底地改变了其轮廓，那么这种形式原来的特征就会变得模糊（图 3-25）。削减的形式与增加的形式的不同之处在于削减的形式是从本体上移去一部分得到的，而增加的形式是在原来容积的基础上附加一个或者多个从属性

图 3-25 深圳书城

形式而产生的。

案例分析

美国国家艺廊由贝聿铭设计建造（图 3-26）。建筑以环境为思考起点，与毗邻的建筑物建立了良好的联系，符合现代建筑审美的同时又呼应了古典主义的基本美学，"H"造型既崇高又典雅。建筑外形通过削减的形式在简单几何形体上移去部分空间，改变了建筑的几何轮廓感，造型经典又不失美感。

图 3-26　美国国家艺廊

图 3-28　阿布扎比清真寺

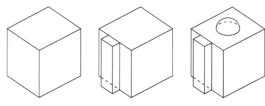

图 3-27　增加形式示意图

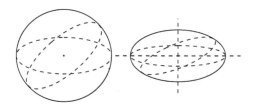

图 3-29　形式变化示意图

三、增加式变化

形式的变化还可以通过在其容积上增加要素的方法来取得（图 3-27）。增加过程的性质、添加要素的数量和规模，决定了改变还是保留原来形式的特性（图 3-28）。

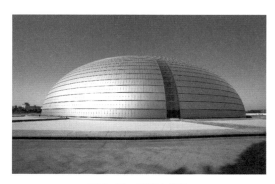

图 3-30　国家大剧院

四、形体的变化

1. 球体

一个球体可以通过沿某一轴线拉伸的方法，变成无数的卵圆体或椭球（图 3-29、图 3-30）。

2. 棱锥体

一个棱锥体，可以通过改变其底边量度、顶点高度，或是垂直轴偏向一边的方法来进行变化（图 3-31、图 3-32）。

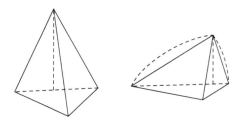

图 3-31　锥体形式变化示意图

3. 立方体

一个立方体，可以通过缩短或延长其高度、宽度或深度的方法，变化成长方体（图 3-33、图 3-34）。

图 3-32　浪花酒店

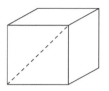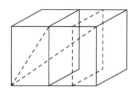

图 3-33　立方体形式变化示意图

图 3-34　罗马尼亚多功能体育馆

第三节
空间构成的形式美

一、统一与变化

1. 变化

在重复和类似中加入不同的元素，产生度和质的改变，其变化是由加入不同元素的多少而定，但是应不影响单元特征和整体性（图 3-35）。

2. 统一

统一是构成美的首要特征，是一种和谐的整体，也是一种完整的感觉。统一的效果可以通过均衡、对比、和谐、主次、比例、间接、重复、对称、尺度、节奏等手段来获得。

统一变化规律也称多样统一。一件作品，缺乏多样性和变化，则流于单调，但若变化无序，缺乏规律，则会显得杂乱无章，因此统一与变化规律是形式美的最基本的规律。统一也是一种秩序，是有机、和谐、完整的。一般来说，统一和秩序是绝对的，变化是相对的。

案例分析

罗马斗兽场（图 3-36）的建筑形态起源于古希腊时期的剧场形式，观众看台层向后退，形成阶梯式坡度。建筑的环形券廊结构使建筑具有一种重复、和谐的建筑特征，阶梯式的上升扩散则打破无限半圆的重复枯燥气氛，打破建筑的单调节奏，体现了建筑统一与变化的完美融合。

在具体的设计中，常常使用一种形式、色调的手段得到较好的统一效果，或者以简洁明确的一两种几何形状来做基调

71

空间构成设计可以将形式美的规律应用在其组织结构和艺术语言中，使空间表现出巨大的生命力和感染力。

图 3-35　现代建筑

图 3-36　罗马斗兽场

变化，获得严格的制约关系（图3-37、图3-38）。如我国的天坛、埃及的金字塔、古罗马的帕特农神庙等均是采用上述简单的几何形状构成的，从而达到了高度完整和统一的美感。

二、对称与均衡

1. 对称

对称是一种控制重复图形在构图中位置和方向的特殊规则（图3-39）。对称形体若划分成全等的组成，对称值最高。若不成全等组成，对称值较低。因此对称值的定量可以由全等组分的数量所决定（图3-40）。

2. 均衡

均衡是指通过对空间构图要素的安排达到视觉上动态或静态的稳定感。均衡可以通过对称、非对称或中性配置实现。在视觉上改变构图形状、质感、颜色、明暗配合和式样等都可以达到均衡。同样的形状和空间，相对于一个公共轴或中心点对等分布，称为对称均衡；不同数量和特征的元素在平衡点两边达到视觉上重量的平衡，称为非对称均衡，也称动态的平衡；消极的、缺乏重点或对比的平衡称为中性平衡，以偶然性和模糊性为特点（图3-41、图3-42）。

案例分析

大英博物馆建筑外围为柱式结构，整个建筑成对称结构，在视觉上呈现一种极致的平衡状态。直立均衡的罗马柱式和规

图3-37 埃及建筑

图3-39 对称

图3-38 伦敦碗

图3-40 马尔代夫度假村

律的建筑结构都令大英博物馆显得严谨、律式、庄严、神圣。

生活中的所有物体要保持均衡和稳定就必须具备一定的条件，如像山那样下部大、上部小，像树那样下部粗、上部细，像人体那样左右对称等，这些特征就证明了对称与稳定的规律。古今中外建筑史上有无数著名建筑家都采用了对称式的形式

美规律而获得了整体统一的、完美的经典作品（图3-43、图3-44）。

三、重复与渐变

1. 重复

同样一个形态在设计中多次使用的手法被称为重复。重复手法在创造视觉和谐方面效果突出（图3-45、图3-46）。重

图3-41 迪拜建筑

图3-44 真理寺

图3-42 大英博物馆

图3-45 798艺术区

图3-43 泰姬陵

图3-46 塞戈维亚排水渠

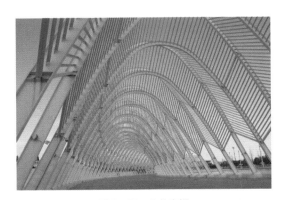

图 3-47　公共空间

图 3-48　奇琴伊察古城遗址

复一般有形状、尺寸、色彩、质感、方向、位置、空间和重量等的重复。然而太多的重复可能会有损构图的活力，这时可以在方向和空间上做一些变化，如以各种方式相互叠加、穿透、组合，或正负形结合等元素组的重复可以产生节奏（图 3-47、图 3-48）。

2. 渐变

渐变是通常用于构图内创造逐渐变大、变多的手法。这些形状通常按规则间距排列，也可以按照增加或减小的密度来排列。渐变也指一个形在形状、位置、方向或比例系统上的转换。

（1）形状的渐变。形状在内部和外部的逐步变化（图 3-49）。

（2）尺度的渐变。形状的放大或缩小（图 3-50）。

（3）方向的渐变。在一个平面上左右旋转一个形，或在三维空间内前后旋转一个形，同时保持其形状不变，其效果是方向上的变化（图 3-51）。

（4）位置的渐变。在重复的空间里，活动的结构线拦截或部分切断形状（图 3-52）。

（5）比例的渐变。在渐变的框架中缩小或放大部分要素（图 3-53）。

四、主从与重点

由若干要素组成的整体，每一要

图 3-49　哈利法塔

图 3-50　奇琴伊察金字塔

图 3-51　方向渐变

图 3-52　廊道空间

图 3-54　斯图加特火车站

图 3-53　室内空间

图 3-55　索菲亚大教堂

素在整体中所占的比重和所处的地位，都会影响到整体的统一性。倘若所有要素都处于同等地位，会影响整体的完整统一性。因此，为了达到统一，应处理好主从关系，将作为主体的大体量要素置于突出地位，其他次要要素从属于主体，这样就可以构成一个有机的整体（图3-54）。

在具体的空间组织中，空间的艺术处理是必要的，但还是要在充分利用功能的原则下突出重点的空间（图3-55）。我们常说的"趣味中心"就是空间整体中最引人入胜的重点或中心，一个空间如果没有这样的中心便会使人感到平淡无奇，从而产生结构松散而无整体秩序的心理感受。

五、韵律与节奏

韵律是有规律地重复出现或有秩序地变化，并从中体现出条理性。重复性和连续性具有的韵律美感和节奏美感，犹如音乐旋律中音调起伏的节奏感（图3-56）。自然界中许多事物或现象有规律地重复出现或有秩序地变化，并激发人的美感。

人们根据这种美的规律创造了许许多多以条理性、重复性和连续性为特征的韵律美。韵律美按其形式构成特点可以分为几种不同的类型。

（1）连续的韵律。以一种或几种要素连续、重复地排列而成，各要素之间保持着恒定的距离和关系，可以无止境地连绵延长（图3-57）。

图 3-56　米拉之家

图 3-57　排水渠

（2）渐变韵律。连续的要素如果在一方面按照一定的秩序变化，例如逐渐加长或缩短，变宽或变窄，变密集或变稀疏等。这种渐变的形式称为渐变韵律（图3-58）。

（3）起伏韵律。渐变韵律如果按照一定规律时而增加，时而减小，有如波浪之起伏，或具不规则的节奏感，即为起伏韵律。这种韵律较活泼而富有运动感（图3-59）。

（4）交错韵律。交错韵律是由各组成部分按一定规律交织、穿插而形成。各要素互相制约，一隐一显，表现出一种有组织的变化。

这四种形式的韵律虽然各有特点，但都体现出一种共性，即具有极其明显的条理性、重复性和连续性。借助于这一点既可以加强整体的统一性，又可以求得丰富多彩的变化（图3-60）。

图 3-59　阿布扎比

图 3-58　东京国立新美术馆

图 3-60　舱体大楼

（5）拟态韵律。拟态韵律是空间中相同设计要素和不同设计要素反复出现的连续构成。这种韵律较为轻松自如。如中国古典园林中常运用的各种形状的花墙和景窗外形，在同一外在形式下，花墙形态内的景观布置设计又各不相同（图3-61）。

六、简洁与趣味

1. 简洁性

简洁性是使设计目的更为清晰明了的一种基本的组织形式。但是，过于简洁也可能导致单调。简洁作为空间设计的一种语言，它表示运用少量的构件、形式和材质的差别，以"少就是多"的法则来关注并加强主题思想（图3-62）。就如毕加索所说："如果你有三件东西，选出两件就好了。如果你能拿到十件，那么拿五件。这样一切就会尽在你掌握。"

2. 趣味性

趣味性使人类好奇、着迷或被吸引，可以通过一定的个性空间来反映。在设计时使用不同形状、尺度、质地、颜色的元素，以及变换常规的方向、运动轨迹、声音、光线等手段，可以产生一定的趣味（图3-63）。

空间构成的形式美多是通过理性的分析思考，对自然界的形态进行空间模仿（对自然界的形体直接模仿，不做大的改变）、抽象提取（将自然界的精髓加以提炼，再被设计者重新解释并应用于特定的空间）、类比（来自基本的自然现象，但又超出外形的限制，通常是在两者之间进行功能上的类比），把一些不规则的有机体组织在一起，来体现空间设计中的形式美感。

图3-61　园林景窗

图 3-62　度假村

图 3-63　慕尼黑宝马世界

思考与练习

1. 简述空间形式的属性。

2. 空间形式的变化有哪些具体的方式?

3. 分析空间构成形式美中对称与均衡手法的细微不同之处。

4. 分别概括重复与渐变形式两者的表现方式与各自的特征。

5. 可以用哪些手法来表现空间构成中的节奏与韵律?

6. 观察并体验生活中各种空间所呈现的不同形式的美，记录并与大家分享交流。

7. 收集国内外优秀空间构成案例，选取两个分析其亮点。

8. 发挥自身的思维能力与创造力，设计并绘制 5 张空间构成概念草图，并讲述你的设计想法和灵感。

第四章
建筑空间

学习难度：★★★★★

重点概念：建筑、建筑空间、建筑元素、建筑空间构成

章节导读

建筑并不单纯指房屋、场所等建筑物，它除了能够为人们日常生活提供空间，还具有审美特征，是一种艺术形式。但是建筑艺术由于其自身的复杂性与多义性，导致其无法回避许多与艺术无关的问题，这也使得建筑艺术入门较其他艺术形式来说更难（图4-1）。

图 4-1　建筑空间

建筑本身是一个整体，外部体量和内部空间只是其表现形式的两个方面，是统一的、不能分割的。

第一节
建筑的本质

世界上的一切物质都是通过一定的形式表现出来的。建筑本身就是一种空间构成的表现，但是并非有了建筑就有了空间形式。形式是通过人们的主观认识而产生的，空间的功能不能决定形式，只有将人们的形象思维与建筑结构和材料相统一，才能创造出丰富多变的空间形式。

一、建筑与建筑空间

建筑主要是表示建筑工程的设计与建造活动，同时又表示这种活动的结果——建筑物。建筑是人们按照自己的需要，从无限的自然空间中划出一块有限的活动领域，并加以人工构筑，是人们理想意志的物化表现（图 4-2）。建筑物可以包含各种不同的内部空间，同时它又包含于其周围的外部空间之中，建筑正是由这些内外空间所组成，它为人们创造了工作、学习、休息等多样的环境。建筑的外墙是在室内和室外的环境之间建立起的一个分界面，在界定室内和室外空间的同时，也对各个空间加以定性（图 4-3）。

建筑的目的是解决生活空间问题。为了满足人们所需要的活动空间，必然产生了建筑结构，也就相应有了建筑空间。建筑空间一般有室内空间、室外空间和室内外过渡空间三种类型（图 4-4、图 4-5）。室内空间是构成建筑物的各基本要素中起主导作用的要素。它的特定用途和与之相适应的空间数量、形状、大小和相互关系等，决定着构成建筑实体的材料品种，各构件的数量、尺寸及结构与构造方式，也直接影响着建筑形象的总体造型。

图 4-2　房屋建筑

图 4-4　建筑空间

图 4-3　现代建筑

图 4-5　室内外过渡空间

结构体作为确保空间的构成手段起到重要作用，空间与结构并非是主从关系，它们两者是密不可分的统一体。

二、建筑的属性

实用性、经济性、社会性是建筑的基本特征，但这些只是建筑诸多层面中的一部分特征而已，并不是美学特征。我们不会仅仅因为客厅大就认为该住宅是建筑中的艺术品。要成为大的住宅必须好用，但仅仅是"好用"是不够的。建筑离不开这些来自现实的制约因素，"现实的制约"正是其他艺术所没有的（图4-6）。

建筑的基本属性首先是以功能为中心的，也就是说，建筑是以使用主体的需求为中心的；其次，建筑是受到综合制约的艺术，制约来自于建筑材料、用地环境、经济条件、意识形态等方面（图4-7）。

1. 建筑的功能性

就建筑艺术本身而言，有其自身的复杂性与多义性，我们首先会发现建筑艺术中有许多层面与艺术无关，诸如它是教堂还是医院，建造 $100m^2$ 还是 $1000m^2$。也就是说，建筑艺术不可能仅为艺术价值而存在，建筑是以满足人类的某种行为目的而被建造的。建筑的这种满足人类某种社会行为目的的属性我们称为建筑的"功

建筑是物质功能性和审美功能性相结合的艺术；建筑是空间延续性和环境特定性相结合的艺术；建筑是正面抽象性和象征表现性相结合的艺术。

图 4-6　布达拉宫

图 4-7　苏州园林

小贴士

"适用、经济，在可能条件下注意美观"是我国在 20 世纪 50 年代提出的建筑方针，它较为准确地反映了当时经济条件下建筑创作的规律和标准。即使在今天，方针所倡导的从现实经济条件出发，有效地利用财力、物力的内涵仍然应该是我们从事建筑创作的一条重要经济理念。

但是，随着社会的发展，处理适用、经济、美观三者之间的关系也要以发展的眼光加以权衡。适用、经济是相对具体经济条件而言的。社会经济的发展会改变适用、经济的内涵，不同的服务对象也有不同的适用要求。而审美标准也不是一成不变的，它会随着时代的发展而发展。

能性"。

建筑应达到以下两个目的：满足功能需求，创造社会价值（图 4-8）。建筑的根源在于需求，在于不同国度、不同社会、不同民族间林林总总的一切需求。从这个意义上说，是使用者以及社会需求决定了建筑；同时，业主及开发商也有可能对建筑的形成产生重要影响，建筑的产生不能与委托者的意见相左，因为没有委托它就不存在了。这一点与纯艺术有很大的不同，建筑品质的高低很大程度上取决于业主的修养。

建筑也可以是实现社会理想的一种手段（图 4-9）。建筑可以展示时代精神，如国家大剧院、新时期的地标性建筑。宣示社会改革目标的更经济有效的医院、更人性化的工厂、更生态的住宅社区建筑，这些更容易受到"上层建筑"的影响。

2. 建筑的社会性

建筑的社会性体现在三个方面。其一，建筑与当地的社会文化、自然景观及政治、经济密切相关；其二，建筑常常与

图 4-8　圣彼得大教堂

图 4-9　生态住宅

当地的人文景观、小说、戏剧、绘画共同构成当地的地域文化；其三，建筑不仅要自身完美，还必须与周围环境相协调（图4-10）。这里的周围环境指的是人与建筑的关系、与远山轮廓的协调问题、阳光和树影对建筑立面的影响。建筑必须考虑与城市道路、街景、临近建筑之间的关系问题。

建筑涉及的层面之多远远超出了我们的想象。建筑的问题不只是建在哪里、为何而建。建筑已远远超出了设计师个人作品的范畴，设计师虽然只面对业主，但建筑一旦被建造，它将面对社会。伟大的建筑属于全人类，它所体现的是人类面对大自然所表现出的勇气和智慧。

一栋伟大的建筑的成就一定包含了那个时代人类在工程学、物理学、机械学、经济学、工艺学等诸学科的所有成就（图4-11）。

三、建筑与建筑物

建筑与单纯的建筑物的差别可以从它们的名称中来发现。从英文的写法来看，building（建筑物）解释为建设、建立或建筑业，从以上几种释义就能看出这个词的重心在于建造，重点在于实用性而非艺术性；architecture（建筑）则是指达到艺术层次的建筑物，即建筑是具备"场所精神"的建筑物。从中文名词上来分析，"建筑物"比"建筑"多一个"物"字，

图 4-10　米拉之家

图 4-11　CCTV 大楼

强调的是建筑的"物"的属性，即是指人工建造而成的所有东西，包括房屋，又包括构筑物（图4-12）。建筑是能够提升我们的生活品质的艺术，它能够激发我们的想象力，并给予我们隽永的回味（图4-13）。

图4-12　住宅

图4-13　风之宫

小贴士　和谐、韵律、平衡、变化、高潮、对比等这些美学原则适用于艺术的各个门类。建筑的建造受制于这些美学原则，从这个层面上讲，建筑与绘画、音乐、雕塑是完全一样的，只是表达的方式不同而已。

四、建筑的本质

在探讨建筑的本质之前，首先我们要对建筑的"复杂性与多义性"有充分的认识，不能将建筑简单地定义为科学的组件，想精确地掌握建筑艺术规律的想法是不太现实的，艺术里毕竟总有些东西是个人的、不可预知的；其次，不能简单地将建筑与绘画、雕塑艺术等同。我们的确能够感知到建筑的动人力量与其他艺术不同，但不能把它简单地说成"立体的绘画""可居住的雕塑"或"凝固的音乐"，这样的描述只是站在绘画、雕塑、音乐的角度看待建筑，这样便曲解了建筑，远离了建筑的本质。建筑有其自身的，独立于绘画、雕塑、音乐之外的"语言系统"。

建筑艺术的语言系统根植于不同时期、不同种族或不同风格的建筑之中。特殊的地理环境、不同文化状态均在当地传统建筑之中留下了深深的烙印。中国传统住宅四合院，院落紧挨院落地由公共空间领域到私密空间领域，其构成形式折射出中国传统的礼制（图4-14）。简单的建筑形式反映了社会伦理结构。四合院构成了中国居住建筑系统的形式语言的基本特性。

案例分析

窑洞（图4-15）是中国北方黄土高原上特有的汉族民居形式，具有十分浓厚的汉族民俗风情和乡土气息。窑洞是中国北方黄土高原区最具代表性的民居，蕴含着北方民族穴居的历史遗风。窑洞是北方人民适应黄土高原的地质、地貌、气候等自然条件创造出的独一无二的风格建筑，

体现了人类的智慧与文明，更体现了深厚博大的黄土高原文化散发的无穷的艺术生命力。

1. 建筑空间语言具有永恒性

建筑所表现出的"场所精神"不会随着年代的久远褪色或有所改变（图4-16）。古埃及金字塔的表面、柱列以及里面的通道和阴影丰富的壁龛，都在吸引、感动着我们（图4-17）。即使你不了解埃及的宗教、经济、社会，这些构筑物仍然会对你"说话"，让你感受到其独特的场所精神与空间魅力，这才是它的核心。

2. 建筑空间语言具有世界性

建筑也不会由于观察者、使用者的不

图4-14 四合院

图4-16 客家土楼

图4-15 陕北窑洞

图4-17 金字塔

87

同而使人得到不同的回应（4-18）。建筑的这一属性有点像"音乐"，音乐是可以跨越国界的，外国人听小提琴协奏曲《梁祝》不会与中国人有什么不同，尽管他们可能不了解梁山伯与祝英台之间的爱情故事，但这丝毫不影响他们对乐曲的理解，而建筑亦然。

建筑的本质恒常不变，无法在建筑的局部中寻找；建筑应该被看作一个具有自身独立的艺术语言的系统，建筑的存在超越了建筑的目的，它的本质就埋藏在与自然、历史、社会、技术等诸多关系中（图4-19）。

五、建筑的技术语言

没有哪一门艺术像建筑艺术那样与技术有如此密切的联系，建筑艺术只有通过一定的技术才能得以实现（图4-20）。对建筑艺术来说，一定有某种常定的空间语言基础，即使经过技术的进步、风格的演变也仍然保持了自身语言的完整性。建筑的产生受到了诸多条件的制约，但不应以牺牲实用功能、环境为代价，它们本身不是美学层面的问题，但却构成建筑的特殊本质（图4-21）。

建筑的产生受制于诸多条件，如环境、用地、功能、材料、技术、法规等，有时候这种限制可能达到极端的程度。优秀的建筑能够找到某种方式或者关系，达成与诸多条件的协调，使建筑本身超越了客观条件限制，这时候条件不再是对建筑的一种束缚，而是建筑获得独特个性的重要途径（图4-22、图4-23）。

图 4-18　君士坦丁堡

图 4-19　圣保罗大教堂

图 4-20　圣家堂

图 4-21　福建民居

88

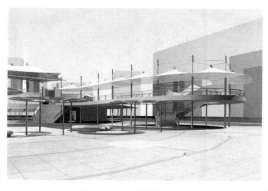

图 4-22　膜结构建筑

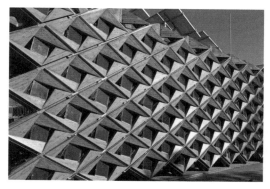

图 4-23　建筑结构

第二节
建 筑 空 间

一、建筑空间的概念

　　建筑空间是人们为了满足生产或生活的需要，运用各种建筑要素与形式所构成的人为的内部空间与外部空间的统称。建筑空间包括墙、地面、屋顶、门窗等围成建筑的内部空间（图 4-24），以及建筑物与周围环境中的树木、山峦、水面、街道、广场等形成建筑的外部空间（图 4-25）。

　　建筑空间具有物质空间的属性。建筑空间意味着以人类能力能够达到的某种材料与方式构建空间，该空间将对人类某些行为提供保护，某种意义上说它是为人类量身定制的，因而建筑空间带有很强的功能性（图 4-26、图 4-27）。功能性是建筑空间存在的前提与基础。建筑空间决定了我们的生活形态，它构成了社会生活的公共空间场所。

二、空间与场所

　　场所是对空间在精神上的解释，空间是为场所提供各种可能性的平台，这种平台可以因被填充的事件而得以创造与再生，所以空间和场所是相互依存的，并在其中相互认知，是一种以对方存在为前提

图 4-24　地铁站空间

图 4-25　园林

图 4-26　罗马艺术博物馆

图 4-27　图书馆

的存在方式（图 4-28）。场所彰显了空间附加的特别价值。场所作为建筑空间的基本元素之一，客观上为空间的不断更新提供了可能性（图 4-29）。

空间无论其建构的目的为何，最终都以一种场所形式得以表现。不论是对于个人，还是对于社会，场所都有一种特别附加的寓意，或者说是空间的引导。建筑师的工作是令空间更适宜于作为场所，即通过提供某种尺度，或者更确切地说是提供一种在某种情况下会增进人们的交往与沟通的"遮蔽体"（图 4-30）。

人们在创造空间的同时，空间也对人的行为产生了强烈的制约，客观上一

个空间必须为人们提供不断更新的内容。创造的空间越适用、越正确，带给空间的制约就越强烈，这一制约将导致空间本身失去兼容性与不断更新的可能性。事实上，越是具有特殊含义的空间，为其他含义和事件所留下的机会就越少（图 4-31）。

将空间转变为场所离不开占有它的行为者所给予空间的填充。也就是说，一个空间区域成为了一个被过去和现在以及将来要发生的行为事件所渲染的"特殊"场所。当我们在创造场所时，实际上是以某种方式创造了空间，填充空间的事件对空间赋予了场所的品质。

图 4-28　大都会艺术博物馆

图 4-29　秋千

图 4-30　广场

图 4-31　办公空间

绘画中的建筑空间

　　在平面上由画家创造的三维立体的空间，我们称为绘画性空间，它是与真实空间有所不同的另一个世界。画家面对平面的画布工作，对于要表达的空间了然于心。一个被细致描绘的空间可以使人产生真实静物幻觉。透视是创造真实的一种有效途径，正是通过透视，画家能够实现对三维空间的最具真实性的表现，同时当你全神贯注于这样的构筑空间图像上时，会产生一种身临其境的感觉（图4-32）。但是，我们仍不能把这种通过表现平面深度的方法所得到的类似真实效果等同于对一个空间身临其境的体验。透视图依旧没有脱离绘画性空间范畴，无法唤醒人对于真实空间场所的期待与感觉（图4-33）。

图 4-32　宫娥

图 4-33　拾穗者

第三节
建筑设计思维

大脑是动物的神经中枢，设计师的头脑是设计创意思维与设计表达的行为主体。行为学把人类的思维活动定义为一种"认知行为"。控制论与符号学把人类的思维活动定义为一种"符号行为"。认识论对思维活动的哲学定义是人类大脑对信息加工与处理的过程。

1. 思维的特征

（1）思维的不可见性。

（2）思维的不确定性。

2. 思维的类型

（1）理性思维。

（2）感性思维。

3. 创造性思维的途径

在设计的构思阶段，设计草图对设计师设计的思维有所提升是不争的事实，从中我们可知：一个人的行为能够反过来改变一个人的思维。因此，我们可以通过调整行为状态来提升我们的思维水平（图4-34）。

（1）要想获得创造性思维的能力，首先必须得学会培养自身的观察能力，才能看到并体验到事物最深层的本质（图4-35）。

（2）用辩证的眼光看待事物。辩证的眼光即注重事物之间的各种对比关系，通过对事物多和少、大和小、相同和不同、新和旧等关系的观察和把握，开拓我们的创造性思维（图4-36）。

（3）勇于颠覆既有传统模式。艺术

在建筑设计中，创造性思维是逻辑思维和形象思维相结合、现实主义和浪漫主义相结合的创作方法。

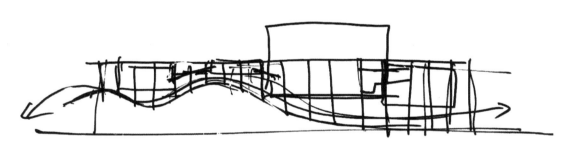

图 4-34　设计草图

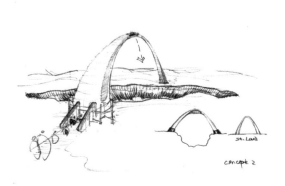

图 4-35　建筑概念草图

图 4-36　室内草图

是离不开想象的，设计师应具有艺术家一样的想象力，并且将自己的思想、知识与实践经验相结合，才能创造出异于传统的别具一格的新建筑（图4-37、图4-38）。

（4）建立自己的规则。在进行设计时，设计师在努力打破自身思维屏障的同时，对自己的创意性思维进行整合，建立自己的审美规则（图4-39、图4-40）。

（5）透过现象看本质。建筑师在设计建筑时，应牢牢抓住事物的本质，即建

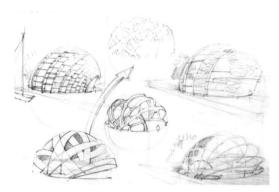

图4-37　建筑设计

图4-39　扎哈哈迪德建筑设计

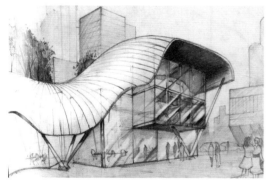

图4-38　建筑草图

图4-40　扎哈哈迪德建筑风格

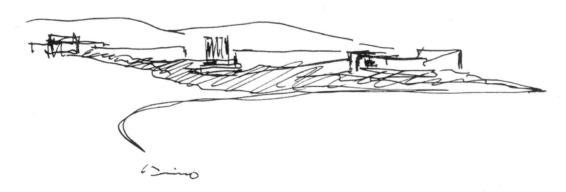

图4-41　概念草图

94

筑的目的。事物的外在表象总是以丰富多变的形态出现在我们面前，而其内在的本质又往往呈现出单纯的一面。把握住建筑的本质有助于我们深入了解建筑，将捕捉到的建筑的精华与我们的创造性思维相结合，使设计与建筑更加贴合（图4-41）。

（6）对事物建立联想。发挥想象力想象某一事物，通过类比、隐喻、修辞、符号、图画、故事等一切能够联想到的方法，与尽可能多的事物产生关联思维，这种关联思维是打破自己习惯性"思维定式"、唤醒创造力的有效途径（图4-42）。

（7）用图形语言表达和述说。图形相对于文字而言，具有其自身特有的优势，即线条、色彩、轮廓、维度、肌理等视觉

与触觉上的感官优势。图形比文字更具形象性与直观性，更易于记忆甚至能激发想象力，而在信息传达上，图形语言比文字语言传递的速度更快，并且具有文字所没有的精确性（图4-43）。

第四节
建筑空间的构成

一、建筑要素的分解

朱利安·嘎地的《建筑的诸要素与各种理论》（1901年）论述了要素和构成的问题。他认为构成才是建筑家们最应该关心的问题，并给构成以极高的地位，认为构成是"将各部分集中、融会、结合成一个整体""从另一个侧面来看，这些组成部分就是构成的诸要素"。

建筑的空间构成应该先由建筑的各个功能需求生成各自的空间，然后再将这些空间组合起来成为整体这两个阶段，进一步还应该有把多个建筑组合起来形成建筑群或者是城市的阶段（图4-44）。

瑞纳·班纳姆理论化了"构成"与"要素"的考虑方式。他认为近代建筑的特征在于"相应于被分离和限定的各种功能而又被分离和限定的三维形体，而这样的分离和限定就是以显而易见的方式实现构成"。实际上，对于建筑各要素构成的关注，更表现在对结构体系各要素（如地面、墙、柱、屋顶等）的关注，以及对于各个内部空间的功能以及其相关功能的关注（图4-45）。

分解不但是要素构成的一个前提，也

图4-42 住宅建筑草图

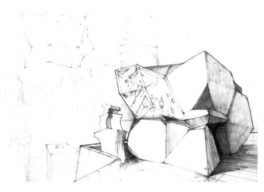
图4-43 公共空间建筑

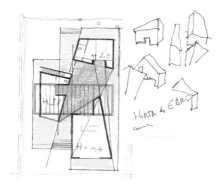

图 4-44　空间组合

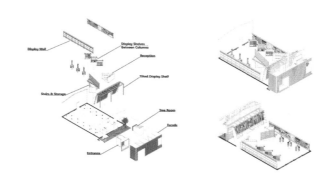

图 4-45　空间要素

表达了建筑的多种意义。也就是说，通过分解建筑中的各个要素，与内容相关的各个空间和各空间群组成的空间形态所具有的意义就很明确地表现出来。诺伯格·舒尔茨说过："空间结构将其所包含的内容以其自身的意义所表现的能力是由分解的程度所决定的。也就是说，没有分解的形体只能表达出没有分解的内容。"

　　就像对比例的颠覆一样，有时空间的表达也有意识地放弃分解。那就是不希望建筑通过分解而体现阶段性构成的缜密的意义，而是希望建筑具有没有分解状态那种模糊的感觉或者有意识地隐藏、消除建筑分解的意义。

1. 结构体系与非结构体的分解

　　近代建筑中，结构由传统的梁架结构演变成为钢结构或者钢筋混凝土结构。同时，这种新的结构形式的表现意识也有所提高，尤其是支撑楼面、屋顶的柱子或者是非结构体的外墙以及玻璃面的外露方式更加重要（图 4-46、图 4-47）。勒·柯布西耶曾说过"要尽可能地使柱子自由"，因而墙失去了支持作用而变得更加自由，随之而来的是设计理念上的改变——结构

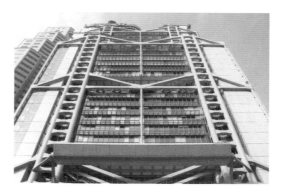

图 4-46　香港汇丰银行

图 4-47　建筑框架

体系与非结构体的相互分离。

案例分析

　　勒·柯布西耶在其设计的多米诺住宅中，楼板只用柱子支撑，将墙体作为非结构部件，实现了墙体自由的布置。勒·柯布西耶设计的萨伏伊别墅（图 4-48），

是现代主义建筑的经典作品之一，位于巴黎近郊的普瓦西，1928年设计，1930年建成，使用钢筋混凝土结构。这幢白房子表面看来平淡无奇，简单的柏拉图形体和平整的白色粉刷的外墙，简单到几乎没有任何多余的装饰，唯一可以称为装饰部件的是横向长窗，这是为了能最大限度地让光线射入。萨伏伊别墅运用多米诺住宅的理念将柱子与楼板所构成的结构体作为明显的分解要素处理，使建筑外观多变而且轻盈，体现了现代主义建筑精神。密斯所设计的巴塞罗那国际博览会德国馆，柱子与墙的分离，从而实现了结构体作为空间形式存在的意义（图4-49）。

2.线与面的分解

空间本身就是通过线和面而形成的，

将线与面的要素分解出来以加强空间的形式感。

安藤忠雄的日本姬路儿童博物馆（1987年），其空间的构成形式是分解了的线与面；光之教堂、南岳山光明寺也同样是强调了线与面以及体的构成关系（图4-50、图4-51）。

3.动线体系与建筑空间的分解

在形式上将建筑的动线系统与建筑空间加以分享的构成手法。

案例分析

贝聿铭设计的华盛顿美术东馆（图4-52），以三角形的中央大厅为中心，不同高度和不同形状的平台、楼梯、斜坡和廊柱交错相连。自然光经过天窗分割成不同形状和大小的玻璃镜面折射后，落在由

图4-48　萨伏伊别墅

图4-50　光之教堂

图4-49　巴塞罗那国际博览会德国馆

图4-51　南岳山光明寺

图 4-52 华盛顿美术东馆

图 4-54 建筑结构

图 4-53 华盛顿美术东馆顶部

图 4-55 山梨县水果博物馆

华丽的大理石筑就的墙面、天桥及平台上，柔和而浪漫。观众通过楼梯、自动扶梯、平台和天桥等动线出入各个空间，可以从更多视点去观赏作品。博物馆弥漫着某种优雅而又亲切的气氛，完美呈现了东馆是安放艺术品的房子而不是殿堂的建筑理念（图 4-53）。

4. 结构体系的分解

结构体系的分解是指在一栋建筑中使用了两种以上的结构体系（图 4-54）。

在以骨架结构这种新的构造方式为基础的近代建筑中，如何将结构提升到新的建筑表达层次就成为了一个很重要的课题。首先，在近代的建筑中，使用了一种把结构框架与墙体分离的表达方式而明确地将结构体系与非结构体系区分开来。这样的结构体系的分解对现代建筑师来说，是一个表达上的问题，同时又是一个概念性的问题。

现代建筑中，结构表达仍然是一个很重要的问题。长谷川逸子设计的山梨县水果博物馆使用的钢筋混凝土结构隐喻了生命的多样性及水果的自然结构（图4-55）。她设计的东京富谷工作室，同样使用了双重结构体系，混凝土的凝重和封闭与钢结构的通透和延展相映生辉，很好地表达了时装设计工作室的精神品位。

5. 等级的分解

等级的分解是将各个空间的重要性明确化，也就是划分出各个空间的层次感（图4-56）。这种划分的方式有很多种，相应地也有很多构成的可能。这时整体构成便自然地归结于轴线构成或者向心性的构成。任何一种构成对于整合空间层次感都很重要，与程序的分解也密切相关。

案例分析

伦佐·皮亚诺为南太平洋岛国新喀里多尼亚设计了芝贝欧文化中心（1994年）。芝贝欧文化中心以其独特的造型吸引着人们的注意力。皮亚诺将展示空间与附属空间相互分离，再将展示空间设计成源自土著人的编织物的奇异形象，获得了良好的视觉效果（图4-57）。

6.尺度的分解

当建筑的规模很大，建筑物整体尺度过大的时候，要考虑到与周围环境或者人体尺度的对比效果，以建筑表现的效果为目标做出适当的尺度和形式的分解。还有一种情况就是在同一建筑中使用两种以上的尺度。

在古典时期建筑中，利用柱式或者是柱式组合，从而实现适当的尺度分解。在更大规模的近现代建筑中，通过几何形体上的处理而进行尺度分解（图4-58）。

案例分析

美秀美术馆是位于日本滋贺县甲贺市的私立美术馆。美秀美术馆由小山美秀子创办，贝聿铭设计。美秀美术馆位于山脊之间的山腰地带，占地 9900 m^2，仅有一条跨越山脊的隧道与吊桥专用通道抵达。为了不破坏美丽的自然环境，博物馆巨大的体量被分解为若干个较小尺度的体量，而且百分之八十埋于地下（图4-59）。在这里，尺度的分解使建筑与环境产生了高度的融合。

图 4-56　三里屯

图 4-57　芝贝欧文化中心

图 4-58　悉尼歌剧院

图 4-59　美秀美术馆

7. 功能的分解

（1）功能与形式的分解。功能对于建筑来说，始终是最基本也是最重要的问题，建筑不仅要在内容上满足功能，而且要在空间形式上表达功能。路易斯·沙利文说"形式要服从于功能"。在近代建筑中，通常是综合分析建筑应该具备的功能，然后确定建筑内容（设备内容、各房间构成）与形式，再将其功能或内容直接地表现在建筑形式之中，从而得到完善的表达（图4-60）。这种功能在建筑形式中得以表现的手法，特别是由此生成的基于内容的分解来表现外部空间形式的设计理念成为20世纪20年代的主流。

图4-60　南洋理工大学

案例分析

　　奥斯卡·尼迈耶在巴西议会大厦的设计中，对形式与功能作了明确的分解。整幢大厦水平、垂直的体形对比强烈，而用一仰一俯两个半球体调和、对比，丰富建筑轮廓，构图新颖醒目。议会大厅处在碗状的造型之中，垂直的两个平行立方体是办公空间，功能的差异通过形式上的区分得以充分地表达（图4-61）。

图4-61　巴西议会大厦

　　（2）功能内容的分解。功能内容的分解是为了使建筑空间更加有层次感和逻辑性。不仅综合性建筑需要在功能内容上加以分解，第一功能的建筑同样需要。内容的分解是建筑获得形式的一个有效的手段（图4-62）。

　　贝聿铭设计的纽约伊弗森美术馆（1955年），单一的展览功能被分解在四个立方体中，服务性空间置于建筑的一侧，报告厅及行政办公室放置在了地下层

图4-62　罗中立美术馆

（图4-63）。

　　（3）功能设施的异化。所谓功能设施的异化，就是将原来被隐藏的各种功能设施一一表达出来的理念。伦佐·皮亚诺与罗杰斯合作设计的蓬皮杜国家艺术中心，将结构与设备管道一并在外立面上表现出来（图4-64）。而后，罗杰斯独立设计的伦敦劳埃德大厦，为了在不规

图 4-63　伊弗森美术馆

图 4-64　蓬皮杜国家艺术中心

图 4-65　伦敦劳埃德大厦

则的建筑用地上创造出灵活的、规则的办公空间而将服务性设施完全外露（图4-65）。

8. 消除形式的分解

建筑可以通过结构体系、功能要素以及尺度的分解而表达出来，但有意识地消除分解也是一种很独特的建筑表达手段（图4-66）。

安东尼奥·高迪设计的米拉公寓（1910年），通过使用连续弯曲的墙面以

图 4-66　走道消除了建筑的结构分解

图 4-67 米拉公寓

图 4-68 表演艺术中心

及屋顶阳台而消除了外形上的分段感（图4-67）。消除分段的程度是有多种的（图4-68）。

9. 消除空间的分解

有些建筑的独特创意来自于空间节点的连接方式，从而尝试使建筑空间划分与通常意义上的有所不同。这种建筑可称为拓扑几何学的建筑。在此，建筑表达的重点在空间节点的连接方式上（图4-69）。瑞姆·库哈斯设计的荷兰乌特勒克教育馆，采用了消除空间分解的方法，在这里连贯的空间是为了适应大量人群的涌入，以及使建筑更加平易近人，方便市民的参与（图4-70）。

二、条形构成

条形构成并不是现代的发明，传统建筑中就有由条形结构构成的空间实例（图4-71）。条形构成广泛流行的主要原因是我们正处于多元的变革时期，变化与不确定是这个时代的特点，条形结构所构成的空间恰好具备上述属性（图4-72）。

相对于其他的几何形体，条形非常特殊。条形不大受比例关系的制约，并且在长度方向上具有开放性的特点。到20世纪，出现了具有无限伸展的带状条形构成。从美学角度来看，不论是蒙特里安还是修普莱坞提兹姆的绘画中，都是通过将线状

图 4-69 竹材质廊桥连接空间

图 4-70 荷兰乌特勒克教育馆

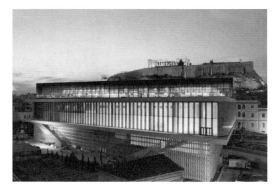

图 4-71　米兰大教堂　　　　　　　　　　图 4-72　伯纳德·屈米设计建筑

古希腊条形构成——古希腊柱式

小／贴／士

　　神庙是古希腊城市最主要的大型建筑，其典型型制是围廊式。由于石材的力学特性是抗压不抗拉，因此其结构特点是密柱短跨，柱子、额枋和檐部的艺术处理基本上决定了神庙的外立面形式。古希腊建筑艺术的种种改进方法也都集中体现在这些构件的形式、比例和相互组合上。公元前6世纪，这些形式已经相当稳定，有了成套定型的做法，即后来古罗马人所称的"柱式"（图4-73）。典型的古典柱式共有5种：多利克式、爱奥尼亚式、科林斯式、塔司干式、复合式。

图 4-73　雅典卫城

的形重叠而表现想象，强化了无限延伸的意向。条形构成的作用是为空间赋予一种结构、本质和秩序，这被认为是后期立体派艺术的特征，虚幻且有透明性。

小/贴/士

立体派是西方现代艺术史上的一个运动和流派，又被称作立方主义，是富有理念的艺术流派，主要追求一种几何形体的美，以及在形式的排列组合所产生的美感。它否定了从一个视点观察事物和表现事物的传统方法，把三维空间的画面归结成平面。因为把不同视点所观察和理解的形状通过画面表现出来，从而表现出时间的持续性。立体派以直线、曲线所构成的轮廓和块面堆积与交错的趣味、情调，代替传统的明暗、光线、空气、氛围所表现的趣味。

这种"透明"是一种通过空间的层次感而营造出的透明与向外的伸展，而非物理意义的透明（图 4-74），勒·柯布西耶假想出的带状平面在阳光都市的提案中具有更大的作用。在这里，从业务区经过住宅区和绿地区一直到重工业区共设计了七个带状形式，它们也是与都市计划方案上从功能角度考虑的城市分区规划相对应的。而且，正是由于这种条形构成，线状城市也同样具有无限扩张伸展的可能性。

条形构成本身所具有的透明的秩序、程序中的条形、分界面上的间隙相互渗透和流动，以及由此而出现的空间本身的变化，排除了等级关系的中立性空间，不打破条形秩序的任意的延展性，让人感受到了时代的秩序（图 4-75）。

1. 表现性空间的条形构成

自古代起人们就使用条形构成来表达空间效果，在这个意义上说，条形构成的历史是极其久远的。例如古埃及的荷鲁斯神庙，虽然与设施的特点有关，但是条形构成的空间以及贯通其中的轴线产生了一种仪式性很强的空间构成（图 4-76）。在这里，尤其引人注目的是条形构成具有越向内部其空间的重要性越高的层次感，而且越向内部其空间的封闭性也越高。近代，这种条形构成得以广泛应用。例如，矫饰主义的代表作之一，凡尔赛宫（1661—1758 年）若沿指向国王寝宫的放射状道路前行，则左右完全对称的

图 4-74　条形建筑

图 4-75　光谱住宅

正立面便形成了假想的层，向内部的深入则给人一种扣人心弦的空间舞台效果的感觉（图 4-77）。

2. 无限扩展的条形构成

有一种条形构成在理念上具有无限扩展的条状并列的特色，排除了传统条形构成中所常见的完整性与等级感。近代的艺术革命中出现的形态抽象化、叠合面上的透明感，以及无限延伸出的线条的感觉，尤其是在马列维奇的绝对主义绘画中所使用的线状或带状形态的构成，绝对主义立体化的各种尝试对近代建筑的条形构成产生了巨大的影响（图

4-78）。无限扩展的条形构成的代表实践——阿尔特朗·索里亚·因·马特提出的带状城市（1882 年）。索里亚提倡建设中部为干道和电车轨道，宽度为 500 m 并且无限延伸的带状城市。可以说这是最早的关于城市的扩大以及无限延伸的带的论述。在西萨·佩里的维也纳联合国总部大厦设计方案中，条形结构不仅在平面上把总部大厦的功能组织起来，而且造就空间形态的流动与扩展。一个完全开放的平面，建筑可以在水平与垂直两个方向上任意发展。建筑的空间形式清晰明了，复杂的需求被演绎成

图 4-76　荷鲁斯神庙

图 4-77　凡尔赛宫

图 4-78 近代建筑

了简洁严密的网络。这一切均得益于条形结构的使用。勒·柯布西耶的阳光城市方案（1930 年）将索里亚带状城市的理念与城市的功能分区相融合，提出了无限延展的功能带城市方案。

3. 现代建筑与条形构成

进入现代建筑蓬勃发展时期，首先出现了一种将墙平行布置的条形构成形式（图 4-79）。勒·柯布西耶设计的萨拉巴伊住宅（1955 年）以及阿尔特·瓦恩·阿伊克设计的阿伦海姆的展馆（1966 年）都是典型代表（图 4-80）。对应于无法纳入条形构成的必要的宽度的空间中，前者使用了单纯削减部分墙体的手法，后者则通过将墙壁变为半圆形，使条形结构的秩序和空间的扩大共存，从而得到了一种极具独创性的空间构成。其次，以具有狭长矩形平面的空间为单位，将它们作条形排列。矶崎新设计的大分县图书馆（1966 年）是典型例子（图 4-81），他将着力点放在了狭长空间的做法上。在大分县图书馆上，两条狭长的空间被处理成动线及

图 4-79 条形构成空间

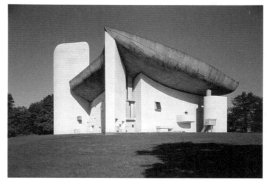

图 4-80 勒·柯布西耶作品

图 4-81　大分县图书馆

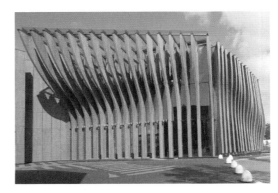

图 4-83　水星剧院

图 4-82　剑桥大学历史图书馆

图 4-84　柏林美术馆的扩建部分

服务空间，这种条形构成的形式也反映在建筑的外部空间上。詹姆斯·斯特林的剑桥大学历史图书馆，是将共享空间、动线区、研究室等完全不同风格和功能的区域容纳入条形结构中，这种形式堪称20世纪80年代出现的条形构成的先驱（图4-82）。

4. 条形结构的变形

条形结构除了指结构构件互相平行的直线型结构，也可以产生变形与异化，通过不平行的条形结构，或者是缠绕、交叉的构成，可以更加灵活地产生空间的相互渗透与变化（图4-83）。丹尼尔·利贝斯金德在柏林美术馆的扩建部分（1988年）中，使用了折成锐角的带形，暗示了

非平行条形构成（图4-84）。另外，弗兰克·盖里设计的毕尔巴鄂古根海姆美术馆（1997年），将条形结构弯曲缠绕，从而生成了更富于变化的内部空间（图4-85、图4-86）。

三、建筑的形式与结构

造型、形状、形式、形态这些词都是对有形状的事物的描述。

形状多是指我们眼见的形状本身，也就是说它是表示表面形状的词语。但形态却是在肉眼所见的基础上，也包含着形状背后所具备的本质属性（图4-87）。形式相比肉眼可见的外形，更着重于具备某种规律的意味。好的建筑不仅是在表层上向人们提供一个使用空间，它还有更深层

图 4-85　毕尔巴鄂古根海姆美术馆

图 4-86　毕尔巴鄂古根海姆美术馆内部空间

的东西——场所精神（图 4-88）。

彼得·埃森曼在研究诺姆·乔姆斯基的生成语法时，曾设想过把形态分为表层结构（可通过知觉等感觉所掌握到的）和深层结构（实际中无法看到的概念性）并以此来定义建筑。

建筑可以像诗歌一样，构成的形式本身即是其深层结构。

1. 形式

所谓形式就是无法分离的各种要素关系的具体表现。形式并不存在物质性、形体以及尺寸，我们无法直接看到形式本身，只有通过具体内容才能感觉到它。形式是一种原始、本质的东西，是一种获得内在秩序感的存在方式。作为一种

存在，形式有别于构成建筑空间的其他要素。可以说，形式决定了建筑要素的存在方式。

路易斯·康在设计唯一神教派教堂（1959—1967 年）的时候，将同心圆结构放在形式的高度上。同时，他的多处代表建筑设计均出现过同心圆结构形式，形成了一个同心圆形式的作品群（图 4-89、图 4-90）。菲利普·埃克塞特学院的图书馆则形成了一个从外部用阅览室和藏书库以及被书墙包围起来的中央大厅。同心圆的形式所具有的建筑意义通过路易斯·康的设计明确地表达出来。对于形式这种不具有任何形状的概念，在建筑中所包含的设计元素之间应该具备怎样的

图 4-87　科隆大教堂的门

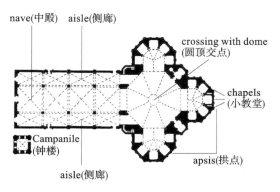

图 4-88　圣母百花大教堂平面图

图 4-89　路易斯·康设计图书馆

图 4-90　孟加拉达卡国会大厦

作用，正如路易斯·康所说"形式是不属于个人"的，形式是超越了常人的眼光去发现的深层结构中才有的东西。贝聿铭作为三角形结构形式运用的大师，几乎他的所有代表建筑作品都包含了三角形形式。从华盛顿美术东馆，到卢浮宫扩建工程、台中东海大学教堂、日本的美秀美术馆，包括香港的中银大厦的设计，都形成了鲜明、独特的艺术形式（图 4-91、图 4-92）。

2. 表层与深层结构

表层与深层结构最初的源头是语言学家诺阿姆·乔姆斯基的生成语法理论。乔姆斯基提出要将单词与意思之间的关系分离，即将词语的声音及物理性层面作为语言的表层结构，而将单词间的关系作为语言的深层结构。建筑师彼得·埃森曼将这一理论用于设计实践，在建筑的形态结构（表层结构）与意义发生及传达的功能（深层结构）这两个方面进行了深入的探索（图 4-93）。在统辞论上，结构分成感官直接能够感知的表层结构与进一步认知才能意识到的深层结构。文字通过实际形象的认识和存在面直接感受到的意义形成了表层结构，通过精神上的再构筑过程从而获得的意义形成了深层结构。

对于建筑来讲，采用具体的主题便

图 4-91　台中东海大学教堂

图 4-92　日本的美秀美术馆

图4-93　彼得·埃森曼作品

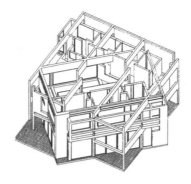

图4-94　彼得·埃森曼作品结构图

是意义上的表层结构，而使用更为抽象的构成原理时，就是意义上的深层结构。彼得·埃森曼主要在住宅的设计创作出了表明这种形态结构的深层和表层的作品，而且通过分析其意图的图解来进行说明（图4-94）。最上层是能够领会到的即潜在的立体结构，最下层是以上几层合成的结构（这表明它接近于表层结构）。

矶崎新所设计的群马县立美术馆（1974年），被比喻为在世界各地展出的作品的容器的结构体网格，形成了形态结构的深层，并做了表层网格分割的装修与开洞模型（图4-95）。

密斯·凡德罗设计的砖造田园住宅

方案（1923年），表层结构是自由、有秩序布置的墙，而再细致地分析一下就可以看出，在其整体中使用了把正方形布置成对称形式的模型，而且也可以看出每面墙的位置都是通过正方形来确定的（图4-96）。

3.结构网格

（1）网格形式。柱网在建筑中是以结构骨架的意义存在的元素——有些建筑甚至单纯地以柱子作为支撑体系（框架结构）。柱网的客观存在使空间产生了节奏感和规律性，柱网具备从结构向形式转化的可能。敏锐的建筑师会抓住这种潜在的可能性，把结构骨架转化为形式语言在建筑空间中加以表达，完成结

图4-95　群马县立美术馆

图4-96　密斯·凡德罗作品

构语言向形式语言的转化（图4-97）。结构骨架在有些设计师手中甚至被赋予了比形式更深一层的含义——建筑空间的表层与深层结构。也就是说，柱网对于设计师来说是一个非常有用的设计元素（图4-98）。

建筑大师路易斯·康是将结构体系转化为形式语言的高手。耶鲁大学的英国艺术中心，将6m×6m的均等跨度布置的柱子表现在建筑的内外立面上，而非结构体的墙体在外表面用金属面板、内部用木质板装饰，从而明确地区分出结构体与非结构体。结构体系的节奏感赋予建筑基本的韵律（图4-99、图4-100）。

（2）网格转换。当柱网结构产生旋转的时候，便形成了网格的转换。这种结构网格转换通过改变原有的网格排列方式，产生空间的丰富变化，使建筑空间及周围环境在深层结构上达到协调，这是最为常见的转换手法（图4-101）。

在扩建、改建的时候，如何使已有的建筑在形态结构上达到统一，是一个很重要的难题。理查德·迈耶设计的法兰克福施耐德博物馆（1985年），是用原有的传统建筑以及与其相应的体量固定住四个角。在四角的新建部分，则沿袭了已有建筑的窗洞开设方式。这些处理使这件作品在表层与深层的双重层次上

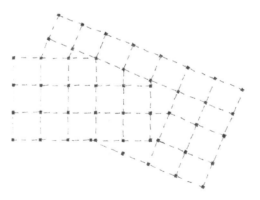

图4-97　柱网结构平面图

图4-99　耶鲁大学图书馆

图4-98　现代建筑

图4-100　耶鲁大学的英国艺术中心

图 4-101　网格转换建筑

图 4-102　法兰克福施耐德博物馆

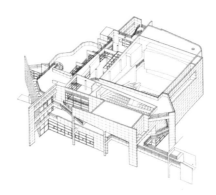

图 4-103　新协和图书馆示意图

与已有的建筑物相适应（图 4-102）。理查德·迈耶设计的新协和图书馆（1975年，美国，印第安那）通过网格转换达到了内部空间的丰富与历史性城镇的尊重和协调（图 4-103）。

（3）空间与形态。人在感受建筑的时候最容易忽略的东西就是空间本身。在这里，形态是指围合成空间的固体物质，没有固体物质便不能生成建筑空间，而形态的存在又容易掩盖空间的本质（图 4-104）。这反映出形态与空间的矛盾

关系。人们在建筑空间中实际感受到的是建筑实体，即建筑的形态，而通过形态表达出的空间反而容易被忽略。空间与形态虽不是表层与深层的概念，但多少存在着类似的关系。在建筑中，实际使用的是空间，在这个意义上，空间是"表层的"。空间与形态之间这种奇特关系在建筑上也以多种手法表现出来（图 4-105）。

阿尔瓦·阿尔托的大多数作品，对于在平立面中所能看到的各种要素的形

图 4-104　鼎立雕刻馆　　　　　　　　　　　图 4-105　路易斯·康作品

式，设计得各有不同。这些要素看起来未必很明确，但若从空间自身的形态或人的活动的角度来看就能体会到设计的意图（图 4-106 ～图 4-108）。而弗兰克·劳埃德·赖特早期的作品在形态即建筑要素的配置上都是极为规则的，并且所呈现的空间联系很流畅（图 4-109）。这在广为人知的罗比住宅（1909 年）等作品中尤其明显（图 4-110）。另一方面，密斯·凡德罗设计的巴塞罗那国际博览会德国馆（1929 年），将墙布置在通常认为是不规则的位置，而在墙的端部以

图 4-106　阿尔瓦·阿尔托设计的学生公寓

图 4-108　阿尔瓦·阿尔托书店设计

图 4-107　阿尔瓦·阿尔托住宅空间

图 4-109　流水公寓

图 4-110　罗比住宅

图 4-112　密斯·凡德罗作品

图 4-111　巴塞罗那国际博览会德国馆

图 4-113　耶鲁大学美术馆

及转角部通过平面上的斜线进行统一（图 4-111）。

（4）外部空间与内部空间。比建筑空间直观的表层结构和潜在的深层结构更直接的是建筑的外部空间与内部空间。勒·柯布西耶在《建筑构成的四种形式》中将外观与内部空间的关系分成四种类型。第一类就是内部直观地表现在外观上；第二类是在严格简单的外壳下，内部组成十分紧凑；第三类是用独立结构做出简单明快的外壳，各个房间则在每一层上自由布置；第四类是外部与第一类相同，而内部则是第一类与第三类的混合形式（图 4-112 ～图 4-115）。在这里，除第一类以外，其他三种都产生

图 4-114　加州大学盖泽尔图书馆

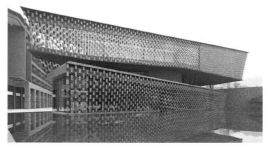

图 4-115　新津县芷博物馆

了外部与内部空间的错位。简单地说，这就是优先确定内部空间还是外部空间的问题。优先确定外部空间的设计在构成上是向内的切削过程，可称为"减法构成"；优先确定内部空间的设计在构成上是向外的叠加过程，可称为"加法构成"。

安藤忠雄设计的小筱邸及扩建（1979年），由一组平行布局的混凝土矩形体块构成，建筑同样避开了已有的树木。空间的构成以内部空间为中心向外自由扩展，弧形墙面围合的是加建的一个工作室，与原有建筑完美地融为一体。弧形墙面与天花的交接处留有缝隙，可以把阳光引入室内（图4-116、图4-117）。

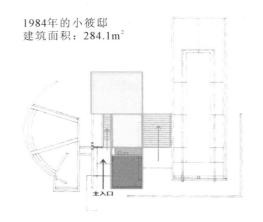

1984年的小筱邸
建筑面积：284.1m²

图4-116　小筱邸平面图

图4-117　小筱邸

思考与练习

1. 建筑有哪些属性?

2. 建筑与建筑物两者有什么区别?

3. 简述建筑的本质。

4. 简述空间和场所的联系。

5. 在进行建筑设计时，如何培养创意性思维?

6. 建筑空间构成元素，主要有哪些形式上的分解?

7. 条形结构构成的建筑空间具有哪些特征?

8. 联系所学知识，绘制 2 张不同功能的建筑空间的概念图，并阐述你的设计理念。

第五章
空间构成设计的表现方式

学习难度：★ ★ ★ ★ ☆

重点概念：基本特征、空间形态生成、空间组合形式、空间构成模型

章节导读

空间构成设计是以对事物进行分析组合为主线来研究空间形态的再创造。它并不是完整的设计，但却是现代设计的基础。在建筑空间设计当中，建筑师已不再满足于创造建筑的单纯物质价值，而是开始运用新的设计语言表现建筑在社会中的作用（图5-1）。

图 5-1　建筑艺术空间构成

第一节
空间构成设计的分类和内容

一、建筑空间设计

就建筑的平面而言，注重平面空间组合所形成的特定功能关系是其特有的品质（图 5-2）。就立面而言，注重立面空间的独特形象与周围环境所形成的空间内涵是其特有的品质（图 5-3）。

二、室内空间设计

室内空间设计是根据特定功能的实用性和精神文化等方面的需要，调整建筑所提供的内部空间并强化其内涵，从而构建舒适、富有文化内涵的室内空间的设计（图 5-4）。在具体的设计工作中，设计师应

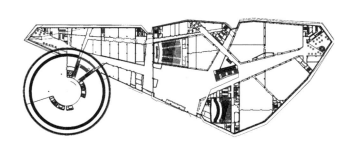

图 5-2　黑龙江省博物馆三层平面图

图 5-3　佩特拉遗址

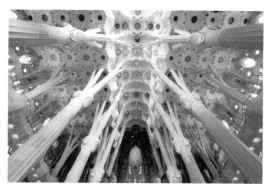

图 5-4　圣家堂内部空间

图 5-5　办公空间

图 5-6　古埃尔公园

图 5-7　室外空间

充分利用空间尺度、空间组合和空间序列等空间构成因素，结合空间创意、空间语境风格、空间生态等，协调各方面进行设计并营造良好的室内空间（图5-5）。

三、室外空间设计

室外空间设计建立在广泛的自然科学、人文科学与艺术科学的基础之上，是研究人类在较大尺度范围内的户外空间行为的设计（图5-6）。室外空间设计涉及景观设计、城市规划、环境艺术和市政工程设计等领域（图5-7）。

第二节
空间构成设计的特征和原则

空间构成设计不只是服务个别对象，而是以实现设计功能为目的。空间构成设计的积极意义在于掌握了时代观念，创造了良好的人际交往环境。它的目标是通过提供安全、舒适和美观的工作、娱乐、生活环境及方式，促进人与人之间融洽自然的交流。

一、空间构成设计的基本特征

空间构成设计的宗旨是为人服务，这决定了它"以人为本"的原则（图5-8）。空间构成设计是艺术和科学相结合的活动，这决定了它具有创造性和现实性，具体说就是要满足当代人物质与精神两方面的需求（图5-9）。

1. 局限性

空间构成设计活动必须受时间和空间的限制，受特定条件限定，是在具体条件下进行的设计。设计师不能超越具体的时

119

图 5-8　居住空间　　　　　　　　　　　图 5-9　公共空间

空范围去从事设计活动。

2. 目的性

空间构成设计活动必须以满足特定需求为目的。设计活动的特定需求则是由设计的完美性来实现的。离开了特定需求，设计就丧失了目的性，也就失去了它的存在价值。

3. 创造性

空间构成设计是一种创造性的精神劳动，具有求异性、发散性、突变性等特征，需要创造性思维。创造性是设计的本质属性。它以新的思维角度、程序和方法来处理多种情况与问题，新颖独特、标新立异更是空间构成设计所应具备的，设计应该具有与众不同的个性化。

4. 持续性

空间构成设计是一个思维不断推进的过程，从设计开始到完成要持续一定的时间，这个时段既是设计活动的过程，也是特定项目的完成周期。

5. 体现社会文化

空间构成设计构成了一种社会文化，

是推动社会精神文明和物质文明发展的一种手段。它通过文化将自然和人工、无机和有机相组合。空间构成设计以一定的文化形态作为中介，表达一定的文化观念，任何一项设计活动都与特定的文化背景和文化内容有所关联。

6. 以人为本

空间构成设计自始至终都以"以人为本"的原则为前提，为人类的美好生活而设计，为满足需求而存在。人类全部活动的目的在于追求生存和发展，向环境索求更高的使用价值，因此空间构成设计的目的在于提高人类的生活质量，创造更美好的人与自然的关系和社会环境，并通过设计改变人们的生活结构，创造新的生活观念和生活方式。

二、空间构成设计的基本原则

1. 功能性

空间环境的功能性体现在物质和精神两个方面。创造良好的空间环境，应将空间的功能性放在首位（图5-10）。此外，空间设计还注重功能的外在形式。空间的精神是通过其外在形式唤起人们的审美感受和心理需求，所以应当注重视觉传达的方式（图5-11）。视觉传达主要指空间的视觉、心理精神感受层面，需要极具个性化的设计。

2. 可持续发展性

空间要依据实际环境条件进行相应的设计，要因势利导，特别是不要人为地破坏原有环境的合理性、生态性（图5-12）。

空间构成设计的目标是建设可持续

图 5-10　中央美术学院美术馆

发展的、宜人的使用环境。其中，室内空间的阳光照度、空气流通、空气湿度以及材料的生态性等都是尤为重要的因素。空间构成设计原则应从生态学的角度来指导总体设计，坚持以人为本、人与自然和谐相处的生态空间构成设计原则（图5-13）。

3. 情感性

设计是人类具有创造性的活动，在空间构成设计中主要运用相关符号和文化元素来表示。空间情感是直觉的、主观的、性格化的和心理性的。空间构成设计中情感必须通过视觉化的体验和交流来获得（图5-14）。

案例分析

现代空间设计强调技术与艺术的融合，大玻璃幕墙和点式工艺形成的博大、通透、闪亮等现代感，让人感受到高技术、高情感的统一（图5-15）。

图 5-11　旋转楼梯

图 5-12　公园建筑

图 5-14　安大略皇家博物馆

图 5-13　悬崖别墅

图 5-15　大厦

图 5-16 房屋建筑

图 5-17 创意高楼

123

4.营造性

独特的空间形态、样式需要通过完美的构造来表现，需要依靠技术、材料和结构等多种方式来共同实现（图 5-16、图 5-17）。

第三节
空间的形态生成与组合形式

在前面的章节中，我们从空间结构的角度讨论过各种不同的空间形态，除了结构外形上的分类，还可以从其他层面来剖析空间的形态与组合形式。

一、由不同时代精神及空间理念形成的空间形态

因人具有高级思维和精神活动的能力，因而人居空间的形态、氛围对人的精神层面产生的影响是巨大的。

历史上有相当一部分空间通过一定的空间构成设计从而构建和强化空间形态的精神性。从秦代兵马俑埋坑到故宫建筑空间形态，以及国外同时期的胡夫金字塔墓室空间，都体现了鲜明的封建帝制思想（图 5-18）。我国明清故宫也是对称布局严格

的空间形式，增加了一些相关的文化元素，体现了封建帝制庄严、肃穆的空间气氛。我国现代建筑中，人民大会堂、历史博物馆、人民英雄纪念碑的对称空间布局都充分表现了我国庄严、雄伟的气魄（图 5-19）。

有许多空间形态的空间形式和形态构成主要是受精神需求的影响。例如教堂、

图 5-18 兵马俑墓坑

图 5-19 人民大会堂

有一定规律的布局往往会给建筑或整个空间带来满满的仪式感，尤其是对称的建筑，给人一种庄严肃穆的感觉。

纪念碑等空间设计（图5-20）。除了这些空间形态具有强烈的精神性外，一般人居住的空间也会受物质的功能性和精神性两方面需求的支配，例如一些室内外空间形态就表现出了开放、亲和和民主的思想精神（图5-21）。

二、由不同建筑结构形成的空间形态与组合形式

由不同的建筑结构形成的空间形态，是指人们运用一定的物质材料和工艺手段从自然空间中围合出来的人造空间形态。不同围合体的材料结构形式所形成的空间形态也各不相同，例如采用内隔墙承重的梁板式结构，便会形成蜂房式的功能空间组合形态；采用框架承重的结构方式，便

形成了灵活划分的空间形态；采用大跨度结构，可形成较为宽阔的室内空间形态。不同的材料结构形式不仅能适应不同的功能要求，而且也有其各自独特的形态特征和品质。例如西方古典空间采用的砖石结构，一般给人一种敦实厚重的感觉；中国传统建筑所采用的木构架，易于获得空灵和通透的空间效果；古罗马的拱券、穹隆结构，表现出一种宏伟、博大和庄严的气势。宗教建筑空间中高直的尖拱拱肋和飞扶壁结构体系，则营造了一种高耸、空灵和令人神往的神秘气氛（图5-22）。现代高科技中的钢结构造型结合大面积的点式玻璃工艺，使空间显得高雅宏伟、晶莹剔透（图5-23）。

图 5-20　凯旋门

图 5-22　米兰大教堂

图 5-21　中国美术馆

图 5-23　现代建筑

1. 梁板结构式形成的空间形态

　　梁板结构是一种古老但不断发展的结构体系，早在公元前两千多年古代埃及就广泛采用了这种结构体系，直到今天人们还在利用它的原理来建造空间，只不过在古老的时代用石块、土泥等材料，到了现代多采用预制钢筋混凝土构件材料和相关工艺了。这种结构体系最大的特点是墙体本身既要起到围隔空间的作用，同时还要承担屋面的荷重，把围护结构和承重结构这两项重要任务合并在一起。但这种结构体系形成的空间形态不灵活，也不能构成较大的室内空间，因此一般仅适用于功能要求比较确定、房间组合比较简单的住宅空间（图5-24、图5-25）。

2. 框架结构式形成的空间形态

　　框架结构也是一种历久弥新的结构形式，它的历史可以追溯到原始社会时期人们用树干、树枝和兽皮等材料搭成类似于后期的北美洲印第安式帐篷。随着历史的发展，这种原始形式的框架结构逐渐发展为以立柱、横梁、屋顶结构到斜撑结构的互相连接的整体，这种结构形态还可以分成若干个开间，门窗开口灵活。由于梁架承担着屋顶的全部荷重，而墙体仅起围护空间的作用，因而有"墙倒屋不塌"之称（图5-26）。钢和钢筋混凝土框架结构问世之后，框架结构体系对于建筑的发展起了很大的推动作用（图5-27）。早在20世纪初，法国著名建筑师勒·柯布西耶就已经预

图5-24　古宅

图5-26　颐和园

图5-25　现代住宅

图5-27　美国藤校

见到这种结构的出现可能会给建筑空间发展带来巨大而深刻的影响。他提出了"新建筑五点"设计思想：底层架空，屋顶花园，自由平面，横向的长窗，自由立面。"新建筑五点"设计思想深刻地揭示出近现代框架结构给予所开拓建筑创作的、新的可能性。

框架结构的工艺体系中荷重的传递完全集中在立柱上，这就为内部空间的灵活分隔创造了十分有利的条件（图5-28）。这种工艺体系打破了传统六面体空间观念的束缚，并以各种方法对空间进行灵活的分隔，不仅适应了复杂多变的功能要求，同时还极大地丰富了空间的形态（图5-29）。

3. 大跨度结构体系形成的空间形态

大跨度结构的发展可以追溯到一千多年前，与古代的拱形结构的演变和发展有着紧密联系。拱形结构在承受荷重后除产生重力外还会产生横向推力，为保持稳定，这种结构还必须要有坚实、宽厚的支座。拱形结构和穹隆结构形成了古老的大跨度结构形式（图5-30）。在罗马时期，半球形的穹隆结构已广泛运用于多种类型的空间建筑（图5-31）。

随着铸铁和钢制品制造的发展，第二次世界大战后逐渐发展起来一种新型大跨度结构——悬索结构。悬索结构的特点是跨度大、自重轻、平面形式多样，除可覆盖矩形平面外，还可覆盖圆形、椭圆形、

图5-28　中国美院美术馆

图5-30　拱形结构

图5-29　公共空间

图5-31　穹隆结构

穹隆顶建筑形式最早可以追溯到美索不达米亚平原的乌尔古国（公元前 3000—前 2160 年）。伊朗、罗马等处的古建筑宫殿和希腊罗马化圆形平面穹隆顶结构不同。古罗马穹顶技术没有摆脱承重墙，只能采用圆形平面；东罗马借鉴波斯萨珊的方形穹隆顶结构，沿方形平面的四壁上端发券，在 4 个券之间砌筑以对角线为直径的穹顶，穹顶的重量完全由 4 个券承担。以后这种穹顶技术又为伊斯兰建筑继承并发展，所以现在看到的清真教堂的屋顶多是半圆球形的穹隆顶建筑形式。

正方形、菱形以及其他不规则形状的大范围的平面空间，由此形成的内部空间形态宽大、宏伟又富于动感（图 5-32）。

近年来流行的网架结构，还分为单层平面网架、单层曲面网架、双层平板网架和双层穹隆网架等形式。仅用几厘米厚的空间薄壁结构，便可覆盖超过百米的巨大空间，几千人乃至几万人可以在室内活动，从而使得各种大空间形态成为可能（图 5-33）。其他建筑结构体系如悬挑结构、帐篷结构和充气结构等，均对独特的空间形态的形成具有重大的意义。

虽然各种结构形成的形态尽显所长，但必须遵从两个基本点：一是它本身必须符合力学的科学性，二是它必须适合特定功能并以某种特定的形式实现空间覆盖。也就是说各种结构形成的空间形态必须做到力学科学、物质功能要求和形式美感法则这三者的有机统一。

三、不同功能形成的空间类型与空间组合

空间功能和空间设计的多维性、综合性决定了空间类型的复杂性和丰富性。下面将从不同功能和不同空间形态形成的空间类型分析，便于从整体上把握空间类型概念和空间组合方法。

图 5-32　北京工人体育馆

图 5-33　网架结构

1. 单一功能空间形成的空间类型与组合

单一功能的空间因其物质功能和精神功能的需求，空间组合丰富多样，并且不会因功能的单一而变得简单（图5-34）。当然其空间组合的层次和丰富性随特定空间功能和空间的量度需求而变化（图5-35）。例如一间教室，虽然只是围绕容纳一个班的教学活动来展开，但空间分割要含有教师讲授区、学生座位区、适当的交通走道区以及投影、多媒体教学等空间。但如果是拥有1000席位的影院，空间组合的结构和层次要比一间教室复杂得多。它的空间量度的增加也较多，要比50人的教室大20倍。如果是容纳数千人甚至上万人的体育场，空间结构层次、空间形态组合又比影院更丰富，其中平面空间量度和立体空间量度要比一间教室大几百倍。

空间是由实体的界面围合而成。尽管室外空间的围合体通常不像室内空间那样具有六面实体，但也是通过地面的平面实体造型、立面的柱、墙、植栽和水体等不同界面实体围合分割组合的（图5-36）。一般的室内空间多由天花板、地面、墙面组成，所有的分隔、组合均和这三个要素有着密切联系。

天花板和地面是形成空间的两个水平面。天花板是顶界面，地面是底界面。天花板作为空间的顶界面，能明确地反映空间的组合关系。有时单纯依靠墙或柱分割、界定空间会比较模糊，但通过天花板的造型处理则可以很明确地把空间组合的主次层次及空间秩序表现出来（图5-37）。

图 5-34 剧院空间

图 5-36 室外空间

图 5-35 室内空间

图 5-37 室内空间

另外天花板的高低变化能创造出空间环境的巨大魅力和气氛（图5-38、图5-39）。在条件具备的情况下还可以利用天花板固有的梁板结构、管道网管作为分隔空间的因素，显现的结构美感别具特色（图5-40）。

地面作为空间的底界面，以水平面的形式出现。地面在空间分割和组合中不像天花板界面那么丰富，但对空间形态的构成却具有很重要的意义。地面材质的硬质材料多采用不同色彩的石材、陶砖、马赛克和鹅卵石等。软质材料一般采用纤维、水体、种植以及木地板、地板漆和地平漆等各种材料。这些材料与具体的形、色完美地结合起来铺装分隔空间，形成的空间具有良好的品质。

墙面是空间围合体的主要因素之一。在空间组合中，墙面是空间形态构成中的重要因素，它作为空间的侧界面，一般是以垂直面的形式出现的。大至一个建筑群体的外形，小至室内的门窗和线脚，墙面的尺度、内容、样式颇为丰富。各式各样的墙面表现形态是根据物质功能和精神功能的需求形成的，形式千姿百态。

在采用墙面进行空间分隔和组合时，利用各种因素处理墙体的虚实对比和个性化的创意造型是墙面处理成败的关键（图5-41）。还有，墙面处理中艺术性地把握空间的尺度感对实用功能和人的生理、心理以及精神的作用也是成败的关键（图5-42）。

2. 多功能空间形成的空间类型与组合

在很多情况下，对两个、三个以至更多的功能空间进行分隔和组合，是一件非常复杂、系统的工作，在此特归纳为六个方面。

（1）空间的对比与变化。两个毗邻的空间，如果在某一个方面呈现出差异，借这种差异性的对比，将反衬出各自的特点，从而使人们从一个空间进入另一个空间时产生情绪上的突变和快感。

① 高大与低矮对比。如果相毗邻的两个空间体量相差悬殊，当由小空间进入大空间时，可以通过体量的对比使人为之一振（图5-43）。我国古典园林所采用的"欲扬先抑"的手法，实际上就是借大小空间的强烈对比而获得"小中见大"的效果。古今中外各种空间类型中，许多都

图 5-38　古根海姆博物馆　　　　图 5-39　凹陷空间　　　　　　　图 5-40　室内空间

图 5-41　公共空间

图 5-43　隧道空间

图 5-42　创意墙体处理

图 5-44　埃马努埃莱二世长廊

是借大小空间的对比作用来突出主体空间。其中最常见的形式是在通往主体空间的前部，有意识地安排一个极小或极低的空间。通过这种空间时，人们的视野被极度压缩，一旦走进高大的主体空间，视野突然开阔，从而引起心理上的突变和情绪上的激动和振奋（图 5-44）。

② 开敞与封闭对比。在室内空间组合上，封闭的空间就是指不开窗或少开窗的空间。开敞的空间就是指多开窗或开大窗的空间。封闭的空间一般较黯淡，与外界隔绝；开敞的空间较明朗，与外界的关系密切。很明显，当人们从封闭的空间进入开敞的空间时，必然会因为强烈的对比感到豁然开朗（图 5-45、图 5-46）。

③ 不同形状空间的对比。不同形状的空间所形成的对比可以达到产生变化和打破单调的目的（图 5-47）。然而，空间的形状往往与功能有密切的联系，为此，必须利用功能的特点并在功能允许的条件下，适当地变换空间的形状，从而借两者之间的对比以求得变化（图 5-48）。

（2）空间的重复与再现。在有机统一的空间整体组合中，对比固然可以打破单调而求得变化，但重复与再现则可借协调而求得统一。这一规律在音乐中，通常都是借某个旋律的一再重复而形成主题，这不仅不会使人感到单调，反而有助于整个乐曲的统一和谐（图 5-49）。

空间组合也是这样，只有把对比与重复这两种手法结合在一起，使之相辅相成，才能获得好的效果。例如对称的布局形式，

图 5-45　淡路梦舞台

图 5-47　大东艺术文化中心

图 5-46　上海当代艺术博物馆

图 5-48　文化中心室内空间

凡对称都必然包含着对比和重复这两方面的因素。我国古代建筑家常把对称的格局称为"排偶"。在西方古典建筑中某些对称形式的建筑平面，明显地表现出两两重复出现的特点，沿中轴线纵向排列的空间力图使之变换形状或体量，借对比以求得变化，而沿中轴线两侧横向排列的空间，则相对应地重复出现（图 5-50）。这样，从全局来看既有对比和变化，又有重复和再现，从而把两种互相对立的因素统一在一个整体之内。

图 5-49　吉隆坡机场

　　同一种形式的空间，如果连续多次或有规律地重复出现，便形成一种韵律和节奏（图 5-51）。高直教堂中央部分的通廊就是不断重复地采用同一种形式，从而获得极其优美的韵律感，并蕴含着一定的

图 5-50　米兰大教堂

图 5-51　荷兰鹿特丹

图 5-52　公共建筑

意义。现代很多公共建筑、工业建筑里常常出现一种有意识地选择同一种形式的空间作为基本单元，并以它作各种形式的排列组合，借大量重复某种形式的空间以取得效果（图 5-52）。

重复运用同一种空间形式并非是以此形成一个统一的大空间，而应与其他形式的空间互相交替、穿插组合成为整体。人们只有在行进的连续过程中，通过回忆才能感受到由于某一形式空间的重复出现，或重复与变化的交替出现而产生一种节奏感，这种现象称为"空间的再现"。简单地讲，空间的再现就是指相同的空间分散于各处或被分隔开来，人们不能一眼就看出它的重复性，而是通过不断的视点逐一地展现，进而感受到它的重复性。

在我国传统的建筑中，空间组合基本上就是借助有限的空间形式作为基本单元，一再重复地使用从而获得统一变化的效果（图 5-53）。它的构成组合形

图 5-53　寺庙建筑群

式可以按对称的形式组合成为整体，也可以按不对称的形式来组合成为整体。前一种组合形式较严整，一般多用于宫殿、寺院空间建筑；后一种组合形式较活泼而富有变化，多用于住宅和园林空间建筑。创造性地继承这些表现手法极具现实意义。

（3）空间的衔接与过渡。两个大空间如果以简单的方法直接连通，常常会使人感到单薄或突然，甚至生硬。倘若两个大空间之间用一个过渡性的空间衔接，就能够使之层次分明并具有节奏感（图5-54）。

过渡性空间本身没有具体的功能要求。一般情况下，它应当尽可能地小一些、低一些、暗一些，使人们从一个空间进入另一个大空间时经历了由大到小、再由小到大，由高到低、再由低到高，由亮到暗、再由暗到亮等过程，从而在人们的记忆中留下丰富、深刻的印象。过渡性空间的设置不可生硬，多采用界面交融渗透的限定方式组合。例如室内空间组合时，在多数情况下利用辅助性房间或楼梯、卫生间或室内种植、水体景观等把过渡性空间巧妙

地插进去，这样不仅节省面积，而且可以通过过渡性空间进入某些不同功能的房间，从而保证大厅的完整性（图5-55）。

过渡性空间的分隔和设置必须视具体情况而定，并不是说凡是两个大空间之间都必须插入一个过渡性空间组合，如不贴切只会适得其反。此外，室内外空间之间也存在衔接与过渡处理的问题。内部空间总是和自然界的外部空间保持互相连通的关系。当人们从外界进入到建筑物的内部空间时，为了不致产生过分突然的感觉，也有必要在内、外空间之间插进一个过渡性的空间，如门廊、风雨篷等，从而把人自然地由室外引入室内（图5-56）。

案例分析

高层建筑往往采取底层透空的处理手法过渡内、外空间。这种情况犹如把敞开的底层空间当作门廊，把门廊置于建筑物的底层外露（图5-57）。人们经过底层空间再进入上部室内空间，也会起到空间的过渡作用。

（4）空间的渗透与层次。两个相邻的空间如果在分隔的时候，不采用实体

图 5-54 楼梯

图 5-55 科学中心内部空间衔接

图 5-56　门廊

图 5-57　酒店大堂

的墙面把两者完全隔绝，而是有意识地使之互相连通，可使两个空间彼此渗透，从而增强空间的层次感（图 5-58、图 5-59）。

（5）空间的引导与暗示。由于功能、地形或其他条件的限制，可能会使某些比较重要的公共活动空间所处的位置不够明

图 5-58　园林空间

图 5-59　渗透空间

显、突出，以致不易被人们发现。另外，在设计过程中，也可以有意识地把某些"趣味中心"置于比较隐蔽的地方，而避免"开门见山"，一览无余。不论哪一种情况，都需要采取措施对人流加以引导或暗示，从而使人们可以沿着一定的途径达到预定的目的地。但是这种引导和暗示不同于路标，是属于空间处理的范畴，处理时要自然、巧妙、含蓄，使人不经意之中沿着一定的方向或路线从一个空间依次地走向另一个空间（图 5-60）。

① 以弯曲的墙面把人流引向某个确定的方向，并暗示另一空间的存在。这种处理手法是以人的心理特点和人流自然的趋向为依据的。通常所说的"流线型"，

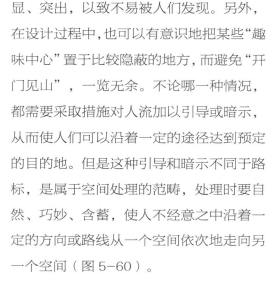

图 5-60　古埃尔公园

就是指某种曲线或曲面的形式，它的特点是阻力小，并富有运动感。面对着一条弯曲的墙面，游人自然地产生期待感，希望沿着弯曲的方向行走而有所发现，于是便被引导至某个确定的目标。

案例分析

现代大厦室内采取曲面形式使空间通道自然地引导人流过渡到下一个空间（图5-61）。垂直、重复的结构线将人的目光向视点吸引，弯曲的墙面自然形成方向趋势，产生引导感和期待感，令人不自觉地顺着曲线方向去探索，从而引导至下一个空间。

② 利用特殊形式的楼梯或特意设置的踏步，暗示出上一层空间的存在。楼梯、踏步通常具有一种引人向上的诱惑力，某些特殊形式的楼梯，如宽大、开敞的直跑楼梯和自动扶梯等，诱惑力更大。基于这一特点，凡是希望把人流由低处空间引导至高处空间，都可以借助楼梯或踏步的设置（图5-62～图5-64）。

③ 利用天花板、地面处理暗示出前进的方向。通过天花板或地面处理，而形成一种具有强烈方向性或连续性的图案，会左右人前进的方向（图5-65）。

有意识地利用这种处理手法，将有助于把人流引导至某个确定的目标（图5-66）。

④ 利用空间的灵活分隔暗示其他空间的存在。只要不使人有"山穷水尽"的感觉，人们便会抱有某种期望，在此驱使下将会作出进一步的探求（图5-67）。利用这种心理状态，有意识地使处于这一空间的人预感到另一空间的存在，则可以把人由此空间引导至另一空间。

（6）空间的序列组织与节奏。在前面就空间的对比与变化、重复与再现、衔接与过渡、渗透与层次和引导与暗示等组合手法作了阐述，这些问题虽然本身都具有相对的独立性，但每一个问题所涉及的范围仍然是有限的。其中，有的仅涉及两个

空间的引导与暗示的四种方法可以单独使用，又可以互相配合，共同发挥作用。

135

图 5-62　Ricardo bofill（一）

图 5-61　引导空间

图 5-63　Ricardo bofill（二）

图 5-64　楼梯引导意识

图 5-66　天花板暗示引导

图 5-65　机场航站楼

图 5-67　室内空间

相邻空间的关系处理，有的虽然涉及的范围要大一些，但也不外乎只是几个空间的关系处理。就整个空间组合来讲，依然还是属于局部性的问题，从性质上讲也仅仅是就某一方面的单因素处理。在实际工作中，有必要摆脱局部性处理的局限，探索统摄全局的空间处理手法。空间的序列组织与节奏，不应当和前几种手法并列，而应属于统筹、协调并支配前几种手法的手法。

与绘画不同，空间作为三维空间的实体，人们不能一眼就看到它的全部，而只有在运动中，也就是在连续行进的过程中从一个空间走到另一个空间，才能逐一地看到它的各个部分，从而形成整体印象。由于运动是一个连续的过程，因而逐一展现出来的空间变化也将保持着连续的关系。由此可以看出人们在观赏空间的时候，不仅涉及空间变化的因素，同时还涉及时间变化的因素。组织空间序列的任务就是要把空间的排列和时间的先后这两种因素有机地统一起来。只有这样，才能使人在运动的情况下获得良好的观赏效果。特别是当沿着一定的路线看完全过程后，能够使人感到既协调一致，又丰富变化，且具有节奏感。

组织空间序列，首先应掌握好主要人流路线逐一展开的一连串空间，能够像一曲动人的交响乐那样，既婉转悠扬，又具有鲜明的节奏感（图 5-68）。其次，还要兼顾到其他人流路线的空间序列组织，后者虽然居从属地位，但若处理得巧妙，

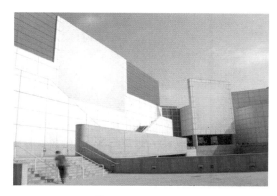

图 5-68 建筑空间

图 5-69 室内空间

将可起烘托主要空间序列的作用，这两者的关系也如多声部乐曲中的主旋律与和声伴奏，既能协调一致，又可相得益彰。

　　沿主要人行路线逐一展开的空间序列必须有起有伏，有抑有扬，有主有次，有平和，也有高潮（图 5-69）。这里特别需要强调的是高潮，一个有组织、有节奏的空间序列，如果没有一定的高潮必然显得松散而无中心，这样的空间序列将不足以引起人们情绪上的共鸣。高潮的形成一般是把体量大、对比强烈的主体空间安排在突出的地位上。其次，还要运用空间对比的手法，以较小或较低的次要空间来烘托、陪衬，使主体空间能够得到充分的突出，才能成为控制全局的高潮。

　　与高潮相对立的是空间的收束。在一条完整的空间序列中，既要放，也要收。只收不放势必会使人感到压抑、沉闷，但只放不收也可能使人感到松散或空旷。收和放是相辅相成的，没有适当的收束即使把主体空间设计得再大，也不足以形成高潮。例如沿主要人流必经的空间序列，应当是一个完整的连续过程。从进入建筑物开始，经过一系列主要、次要空间，最终离开建筑物。进入建筑物是空间序列的开始时段，为了有一个好的开始，必须妥善地处理内、外空间的过渡。只有这样，才能把人流由室外引导至室内，并使之既不感到突然，又不感到平淡无奇。出口是序列的终结段，也不应草率地对待，否则就会使人感到虎头蛇尾，有始无终（图 5-70、图 5-71）。

　　除了空间的起、始两个部分外，内部空间之间也应当有良好的衔接关系，在适当的地方还可以插进一些过渡性的小空间，一方面可以起空间收束的作用，同时也可以借它来加强序列的节奏感，在人流转折的地方尤其需要认真对待（图 5-72）。空间序列中的转折处应当运用空间引导与暗示的手法提醒人们该转弯了，并明确地向人们指示出继续前进的方向，只有这样，转变的设计才自然。空间变化自然才能保持序列的连续性而不致中断。如果是跨越楼层的空间序列，为了保持其连续性，还必须选择适宜的踏步。宽大、开敞的楼梯踏步不仅可以发挥空间引导作用，还可以使上、下层空间的互相连通显得大度、从容（图 5-73）。

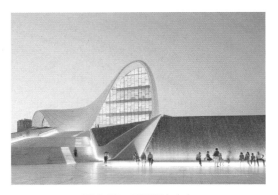

图 5-70　哈利耶夫中心

图 5-72　转折走廊

图 5-71　沃尔夫斯堡费诺科学中心

图 5-73　楼梯引导空间

在一条连续变化的空间组合序列中，某一种形式的空间重复或再现，不仅可以形成一定的韵律感，而且对于陪衬主要空间以及突出重点、形成高潮也是十分有用的。由重复和再现而产生的韵律通常都具有明显的连续性，处在这样的空间中，人们常常会产生一种期待感（图 5-74）。由此可知在高潮之前，适当地以重复的形式来组织空间，就可以为高潮的到来做好准备。由此，人们称它为高潮前的准备段。在西方科隆大教堂中，其空间序列组织就是以这种方法带给人心理上的巨大震撼（图 5-75）。

从上述分析来看，空间序列组织实际上就是综合地运用对比、重复、过渡、衔接和引导等一系列空间组织处理手法，把个别的、独立的空间组织成为一个有秩序、

图 5-74　上海环球金融中心

图 5-75　科隆大教堂

有变化、统一完整的空间集群。这种空间集群可以分为两种类型：一类呈对称、规则的形式；另一类呈不对称、不规则的形式。前一种形式能给人以庄严、肃穆和率真的感受；后一种形式则比较轻松、活泼，富有情趣。不同的空间类型，可按其功能性质特点和性格特征选择不同类型的空间组织序列形式。

四、不同的空间形态形成的空间类型与空间组合

不论何种室内外空间构成与组合均是由不同形态的界面围合而成（图5-76）。围合构成的形式、空间形态的差异形成了不同的空间类型。界面围合实际上是由不同的空间分隔形式完成的，空间分隔的形式一般分为三种，即封闭式静态类型空间组合、开放式动态类型空间组合、虚拟式流动类型空间组合。

1. 封闭式静态类型空间组合

封闭式静态类型空间组合一般具有以下特征：以限定性强的界面体围合；内向的私密性尽端；领域感很强的对称向心形式；空间界面及构件的尺度比例协调统一。封闭式静态类型空间组合分为绝对分

隔形式、相对分隔形式和意向分隔形式。其中前两种情形都具有绝对分隔的特征，还有更多形式和手段表现静态类型的空间特征。

绝对分隔是指以限定度高的实体界面分隔空间。分隔出的空间界限非常明确，且具有全面抗干扰的能力，抗视线、声音、温湿度等甚至抗穿透性的物质（图5-77）。绝对分隔界面主要由到天花板顶面的承重墙或轻体隔墙、活动隔断物等构成。相对分隔则是以限定度低的局部界面体分隔空间。相对分隔分隔出的空间界线不太明确，且具有一定的流动性，相对分隔的界面形式一般由不到顶的隔墙、屏风甚至植栽等构成（图5-78）。意向分隔是一种限定度很低的分隔方式。意向分隔的空间划分具有隔而不断、通透空灵、流动性强的特点。意向分隔的空间划分常采取绿化、色彩、材质、光线、高差、音响、气味甚至是悬垂物等形式，通过人的"视觉完形性"和其他方式来联想感知，具有意象性的心理效应（图5-79）。

2. 开放式动态类型空间组合

开放式动态类型空间组合一般具有以

图5-76　机场

图5-77　卡内基音乐厅

139

图 5-78　隔断空间

图 5-80　航站楼

图 5-79　商场内部

图 5-81　住宅空间

下特征：界面围合不完整，某一侧面具有开间或半启的形态；限定度弱，具有与自然和周围环境交流渗透的特点；利用自然、物理和人为等诸种要素，营造空间与时间结合的四维空间；界面形体尺度比例对比大，环境装饰物线形动感强烈（图 5-80、图5-81）。

3. 虚拟式流动类型空间组合

虚拟式流动类型空间组合一般具有以下特征：不以界面围合作为限定要素，依靠形体的启示、视觉的联想划定空间；以象征性的分隔营造视野的通透和交通的无阻隔，最大限度保持交融与连续的空间；具有方向引导性、流动感强的空间线形形态（图 5-82、图 5-83）。

图 5-82　室内空间

图 5-83　运动场入口分隔空间

第四节
空间构成模型的材料与加工工艺

空间构成模型的制作是一种高度理性化、艺术化的制作，利用材料、工艺、色彩、理念等元素，按照形式美的原则，通过丰富的想象力和高度的概括组织能力，综合完成的一种新的立体的多维形态的操作过程。

一、空间模型分类

模型制作分类一般分为方案模型和展示模型两种。方案模型包括单体空间模型和群体空间模型两种。方案模型主要用于空间设计过程中的形态创意表现以及分析现状、推敲设计构思和论证方案可行性等环节（图5-84）。这类模型由于侧重面不同，制作深度也不一样。展示模型与方案模型相同，也包括单体空间模型和群体空间模型两种。展示模型是空间设计师在完成空间设计后，将方案按一定的比例微缩后制作而成的一种模型。这类模型无论是材料的使用，还是制作工艺都十分考究（图5-85），主要用于在各种场合展示设计师设计的最终成果。

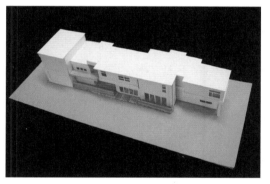

图 5-84 方案模型

图 5-85 展示模型

小贴士

设计模型是一种多维空间的视觉形象，它不仅能够对设计构思起到表达作用，而且还具有表现视觉对象的色彩、质感、空间、体量和肌理等功能。在构思的每一个环节中，设计模型都对开拓设计思维、提高空间认识和交换手法有积极的作用。

二、制作工具

在制作过程中，一般可采用手工制作和半机械加工来共同完成。但制作的形态和精细度与所选用的制作工具有直接的关系。

1. 测量工具

制作空间构成模型的测量工具有很多种，主要测量工具有直尺、三角板、圆规、分规、三棱比例尺、蛇形尺、游标卡尺和直角尺（表5-1）。

2. 裁剪、切割工具

制作空间构成模型的裁剪、切割工具主要有美工刀、勾刀、雕刻刀、剪刀、圆规刀、手锯、电脑雕刻机、电动曲线锯以及电热切割器（表5-2）。

3. 打磨工具

空间构成模型制作时所需要的打磨工具主要有砂纸、砂纸机、锉刀和木工刨，分别针对不同材质进行打磨（表5-3）。

三、常用材料

材料是空间构成的一个重要的因素，它直接影响了表面的形态和立体的体块状态。现代用于制作的材料品种多样，生活中许多废弃物也成为辅助用料。但是，空间构成模型追求整体性，如果违背这条原则，再好的材料也会失去它自身的价值。

1. 主材类

（1）纸板。

纸板是最基本最常见的加工材料，可以通过裁剪、折叠产生不同的形态，也通过划、折的手法来创造不同的肌理。有些纸板本身就带有不同的肌理和质感，但在使用时要特别注意图案和主体设计形态的比例关系。

纸板的优点：品种多样，色彩丰富，适用范围广，易于切割加工。纸板的缺点：纸板厚度相对固定，对特殊需要的纸板要进行重新加工；另外纸板吸水性强，容易受潮变形；黏结速度慢，需要进行辅助固定，黏结后不能二次更改。

（2）聚苯乙烯板。

塑料质化学发泡材料，质地轻，易于裁割，价位低廉，多用于体块构成模型，或制作模型沙盘底盘。它的缺点：质地粗

表 5-1　测量工具说明表

测 量 工 具	功 能 说 明
直尺	测量长度和绘制直线与平行线
三角板	测量长度和绘制垂直线和任意度数角
圆规、分规	圆规是用来绘制圆形和弧形的工具，分规是用来复制相等单位长度的量具
三棱比例尺	测量换算图纸比例尺度和加工模型尺度
蛇形尺	对不规则曲线和形状以及形态进行测量和绘制
游标卡尺	测量加工物体内、外径尺寸，特别是对塑料类材料进行画线定位
直角尺	测量材料90°的专用工具，常见的尺身为不锈钢材质，测量规格长度多样，也可用来切割直角

表5-2 裁剪、切割工具说明表

裁剪、切割工具	功 能 说 明
美工刀	也称为壁纸刀，最常用的一种切割工具，用于对不同材质、不同厚度材料的切割和细部的处理；在使用时可以根据选用的材料采用垂直或倾斜裁切，因为裁切的不同能够产生不同的效果
勾刀	切割塑料类材料的专用工具，刀片有单刃、双刃、平刃三种，可以切割常规厚度的直线和弧线，同时也是板面做肌理划痕的首选工具
雕刻刀	灵巧精致，切割效果好；广泛适用于切割模型纸、即时贴、卡纸、赛璐璐、ABS板、航模板等材质及相关的细部处理
剪刀	一般可以配置大、小两把，适用修剪厚度较小的板式材料
圆规刀	与圆规类似，用于切割纸类、塑料类的圆形与弧线的专用工具
手锯	切割木质材料的专用工具，同样也适用于塑料和金属材质，用时应根据具体的情况来选择锯齿的粗细与长度
电脑雕刻机	目前最先进的切割制作设备，它与电脑联机，可直接将各个立面及部分构件一次性雕刻成型，而且形体精确，细部详尽
电动曲线锯	也称为线锯、锯字机；用于切割木质和塑料材质的电动工具，操作简单，加工的精细度高；可以完成直线、曲线和任意的弧线，是手工制作最佳的选择工具
电热切割器	主要用于聚苯乙烯类材料的加工，可以进行各种形态类的切割和细部处理；是制作聚苯乙烯类块体形态的必备工具之一

143

表5-3 打磨工具说明表

打 磨 工 具	功 能 说 明
砂纸	分为木砂纸和水砂纸，规格多样，可用于多种材质和形式的细部磨边处理
砂纸机	电动打磨工具，适用于平面的打磨和抛光，打磨面宽，速度快
锉刀	常规有板锉，多用于接口的处理；三角锉适用于内角的打磨；圆锉用于曲线及圆形的打磨
木工刨	多用于木质、塑料质的平面和侧面的切削磨平

糙，造型平整度差，表面不宜着色；黏结时需要通过一些插接物（如牙签）来进行体块固定。

（3）有机玻璃、ABS板。

化工硬质塑料材料，具有强烈质感，多适用于表现概念性或现代理念的空间。其中有机玻璃多用于制作玻璃及采光部分。ABS板为当今流行的手工及电脑雕刻加工材料。化工硬质塑料材料的优点：质地细腻，可塑性强，可以通过加热制作各种曲面和弧形造型。化工硬质塑料材料的缺点：易老化，表面容易划伤，加热时产生难闻的气味，加工时自身受热不均匀，必须借助模具才能达到理想的效果。

（4）木板材。

木板材多选用以泡桐、椴木、杨木经

过化学处理制成的板材，其质地细腻、纹理清晰、表面平整、木质松软、易于加工造型、表现力强。在建材市场一般可以买到。木板材的缺点是吸湿性强、不易黏结、容易变形。

2. 辅材类

辅材的主要功能是提高模型的细致度，加强空间造型的表现力和说服力。

（1）金属材料。金属材料包括不锈钢、铁、铜、铅等板材和型材，适用于空间细部的加工与制作，如柱网架、构筑物、洞口的线脚装饰等。

（2）石膏。石膏为白色粉状，加工干燥后可成为固体，适用范围广。它质地轻而硬，也可在表面通过雕、钻等手段进行造型的细化处理。

（3）黏结剂。黏结剂又可细分为纸质黏结剂和塑料类黏结剂。白乳胶为最常规的纸质黏结剂，其黏结强度大，干燥速度快，多用于木材和纸质的黏结，也是纸质模型后期修补的首选材料。双面胶为纸质平面和聚苯乙烯板的辅助纸质黏结材料，使用便捷、黏结强度高。塑料类黏结剂又分为三氯甲烷、502和热熔胶黏结剂。三氯甲烷是无色的液体，是有机玻璃板的最佳黏结剂，其材料有毒、气味强烈、易挥发，在使用时必须设置在通风处。502黏结剂是无色透明的液体，是一种瞬间强力黏结剂，使用方便、干燥迅速，保存时应封好瓶口放置。热熔胶为乳白色棒状，通过加热将胶棒熔解，黏结速度快，无毒、无味、强度高。

第五节
空间构成模型的基本制作技法

一、聚苯乙烯类空间构成模型的制作技法

聚苯乙烯材质主要用于建筑外部空间构成的模型、工作模型和方案推敲模型的制作，其精细度较低（图5-86、图5-87）。

1. 画线切割

利用比例尺按照一定的比例尺度测量确定尺度。通过美工刀进行裁切，原则是先切割大形体、再进行小细部的处理，也可采用电热丝来切割材料。这种手法切割的表面光洁度最佳。

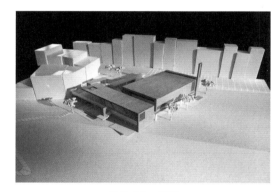

图5-86 模型

图5-87 聚苯乙烯制作建筑外部空间构成

小贴士

效果表现是在制定制作方案时首先要考虑的一个问题。建筑空间构成模型的制作尺度、加工机具的精度制约效果的表现。所以，在进行建筑空间构成模型设计时，要把模型制作的尺度、制作技法、效果表达等诸多要素有机地结合在一起，综合考虑、设计，并适度表达，不应破坏模型的整体效果。

2. 黏结和组装

可利用双面胶带直接黏结，但接缝处易产生较大的缝隙。也可考虑先用乳胶均匀涂刷，再利用大头针或牙签插入固定。

3. 细部处理

等待乳胶干燥后利用美工刀进行细部的刻画处理。

二、纸板类空间构成模型的制作技法

纸板材料制作模型主要用于表现建筑内部空间构成和方案推敲（图5-88）。

1. 选择纸板厚度

纸板常见的规格有薄纸板和厚纸板，通常应该根据空间的体量和比例尺度考虑所选用纸板的厚度，如果没有合适的，可以采用两层纸板的黏结来完成。

2. 画线

对所要设计的空间进行严谨的分析，确定各个面体的结合形态，再将各面体按照比例绘制在纸板上。在绘制时最好选用钢笔或无珠心的签字笔为好，原则是不要有明显的带色线的痕迹，以免影响表面效果。

3. 裁剪

在裁剪时应使用玻璃做切割垫层，这样切割的板体光洁。如果选用的板面较厚时，一定要在同一位置进行反复裁剪，不能中途松动，以免影响平面的整洁效果。在有窗洞口的位置，应放在最后做统一切割，掌握先整体裁横线、再整体裁竖线的原则，这样的洞口效果整齐一致。

4. 黏结

纸板建筑空间模型可分为面与面黏结、面与边黏结、边与边黏结三种形式。

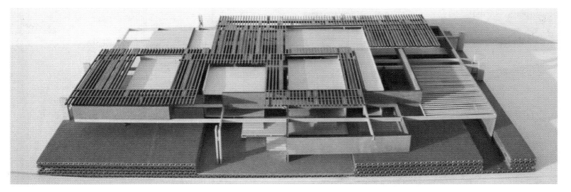

图 5-88　纸板模型

面与面在黏结时应确保两个黏结表面的平整度和缝隙的严密性。面与边黏结时，因为边的接触面小，应该确保裁剪边与面体平直并能吻合，不要有缝隙出现，黏结后可用手协助多固定一小段时间，确保黏结牢固。边与边黏结必须将两个边的黏结面进行 45° 角的斜面平直裁切，以确保黏结的外立面整齐统一，没有多余边线。

5. 修整

可以利用雕刻刀、湿巾、乳胶等材料，清除表面的污物及胶痕，对破损的表面进行修补。

三、木质空间构成模型的制作技法

木质材料具有自然纹理，使用木质材料制作空间构成模型的目的主要在于表现空间的特殊风格（图 5-89、图 5-90）。

1. 选料

一般要选择纹理和色彩基本一致的同一种木质，同时要考虑木质密度大、强度高的板材，防止在操作过程中劈裂。

2. 画线、裁剪

按照空间形态和比例确定各个结合面，并绘制出来，利用美工刀、勾刀或钢锯进行裁切。

3. 打磨

因木质材料内在的纤维组织，在裁切的时候其断面会出现参差不齐的情况，因此必须利用细砂纸进行打磨处理。在打磨时还要顺应木质的纹理方向，不能在同一位置反复摩擦，并掌握好打磨边和面的平整程度，可采用边试边磨的方法。

4. 黏结

通常的拼接采用对接和 45° 斜面拼接法，必须要将接口处进行打磨处理，使其缝隙严密。一般选用乳胶进行黏结，但应注意不要将乳胶刷合过多，以免影响外观的视觉效果，也不利于快速干燥。

四、有机玻璃板和 ABS 板空间构成模型的制作技法

有机玻璃板和 ABS 板属于高分子合成塑料，具有光泽和韧性，这种材料多用于表现概念性和现代理念的空间设计类型（图 5-91、图 5-92）。

1. 选料

通常所见的厚度为 0.5 ~ 10 mm，色彩丰富，具体的厚度可以根据自己的设计需要进行选择。

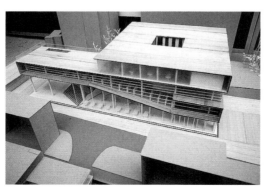

图 5-89　木材板模型（一）

图 5-90　木材板模型（二）

图 5-91　有机玻璃板模型

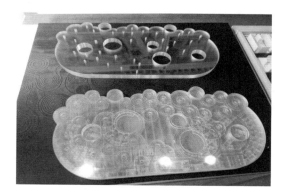

图 5-92　空间构成模型

2. 画线、切割

因其表面覆盖着一层牛皮纸质的保护膜，我们可以直接在其上面进行放样工作。在切割时，应遵循先切割大面积再切割小面积的操作过程，利用勾刀切割时用力要均匀一致，第一次划痕要准确，为后面的切割打下良好的基础。如果需要开设小洞口，可以用钻头进行打孔，再从打孔处进行切割处理，以达到理想的效果；也可以利用电动线锯机直接加工成品。

3. 打磨

一般采用锉刀对裁切面的表面进行处理，但应单向用力，力量均匀，保证断面平直。

4. 黏结

一般选用 502 胶和三氯甲烷进行黏结，使用黏结剂时不宜量多，以免溶解接缝板材，造成连接处凹凸不平，影响整体效果。

五、其他配景的制作技法

1. 山地

在空间构成中对于山地的描述常运用抽象手法来表现，通常有仿等高线的做法和堆积法两种。

仿等高线要先根据空间要求选择好高差，在厚度合适的聚乙烯板、纤维板、KT 板等板面上绘制山地等高线，再进行切割并按照图纸粘贴（图 5-93）。

堆积法通常是将报纸或卫生纸撕碎，将白乳胶和水以 1 ∶ 1 的比例倒入其中，用力搅拌形成纸浆，进行山地的塑造。在塑造的过程中要注意山地的形态，山体要有丰富的变化，不能堆砌成圆形山包，等到完全干透后就可以形成需要塑造的形态了。制作山地也可以利用石膏堆积，注意要点同纸浆堆积法，但它的优势在于干透后可以进行人为的加工和修整，直到达到理想的效果（图 5-94）。

2. 水面

水面在空间中是一个虚体的形态，因此在空间表现上多强调它的视觉表现效果。常用色纸或即时贴直接剪贴或粘贴，这种表现手法不强调它的光影效果（图 5-95）。另一种手法是在色纸上面加盖一层薄的透明有机板或赛璐珞，使水面产生较强的反光和倒影，用以体现和衬托主景观（图 5-96）。

3. 树木

树木的制作通常采用抽象的表现手法，一般有三大类型。

（1）利用厚度较大的聚乙烯板进行裁切，主要以锥体等几何形体为主，尽量做到简洁明快，用以配合主体空间。

（2）利用厚度较大的纸质进行插接，形成稳固的形体，因其从立面上看有较好的体态，在平面上是以线型的形式表现出来的，因此多适合于体量较完整和具有厚重感的空间（图5-97）。

（3）利用木棒、金属、纸质经过加工设计的树木，可直可弯，具有一定的趣味性（图5-98）。因其形态只是以线状的形式体现，在空间中承担虚面体的功能，因此在总体的设计中不能过多设置，以免影响整体空间效果。

图 5-95　城市模型

图 5-96　建筑模型

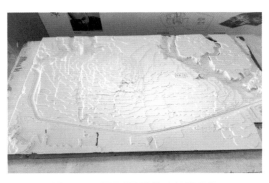

图 5-93　聚乙烯板制作山地等高线

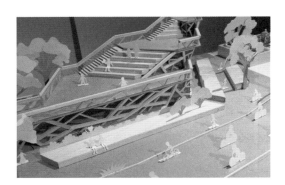

图 5-97　公共空间模型

图 5-94　石膏制作山地模型

图 5-98　模型中树木的表现

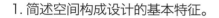

思考与练习

1. 简述空间构成设计的基本特征。

2. 影响空间形态生成的因素有哪些?

3. 影响空间组合形式的因素有哪些?

4. 简单列举并概括空间的组合和类型。

5. 简单介绍空间构成模型的主材和辅材的特征以及优缺点。

6. 实际接触了解制作空间构成模型所需的材料。

7. 与同学组成 3 人小组,在了解制作空间构成模型的基本步骤之后,设计并制作 1 个空间构成模型。

8. 设计并绘制 1 个三维空间构成概念图,并用卡纸制作高度在 200 mm 以内的概念模型。

第六章
空间构成设计作品欣赏

学习难度：★★☆☆☆

重点概念：模型、空间形态、综合材料、作品欣赏

章节导读

　　模型中的空间主要是由空间界面（水平面、折面、弧面、球面）组成的多维空间，在展示的空间中，观者可闻、可见、可触摸，可以从不同的角度观察、体验、感受、参与，空间构成模型是用以展示空间的流动的多维空间。同时，空间构成模型可以不拘泥于物理客观因素的限制，采用独特的表现形式和天马行空的创意及构思，形成备受瞩目的独立空间（图6-1）。

×

图 6-1　建筑模型

第一节
线的空间构成设计

　　线是点运动的轨迹。在空间形态中，线则是体运动的轨迹。由线构成的空间形态给人以运动、张力、紧张等抽象的美感（图 6-2~ 图 6-7）。

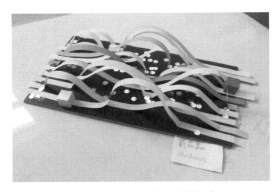

图 6-3　自由形态线的空间构成

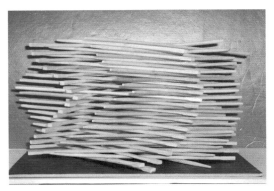

图 6-2　线的重叠空间构成

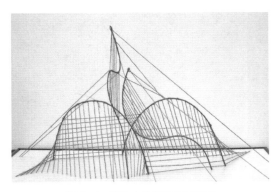

图 6-4　线的立体群化空间构成

图 6-5 直线形态空间构成

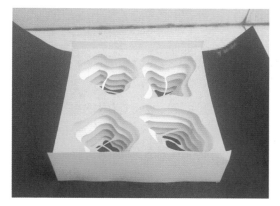

图 6-8 面的错位空间构成

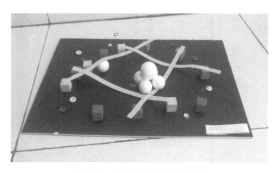

图 6-6 自由线体的空间构成

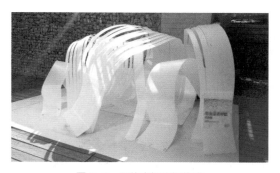

图 6-9 面的穿插空间构成

图 6-7 线的重叠空间构成

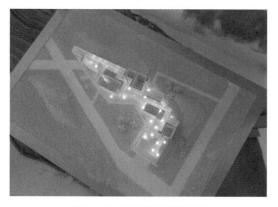

图 6-10 面的立体空间构成

第二节
面的空间构成设计

面的空间构成是指通过面的堆积、重叠，得到具有一定体量空间感的空间形态，使其具有独特的空间视觉以及心理感受（图 6-8~ 图 6-11）。

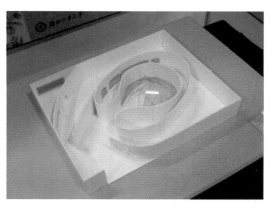

图 6-11 曲面的空间构成

第三节
体的空间构成设计

体块是空间造型最基本的表现形式，它具有连续的表面，有稳重充实的特点。使用体块塑造空间能够得到丰富多变的空间形态（图6-12~图6-19）。

图 6-15　体的聚集空间构成

图 6-12　体的空间构成

图 6-16　体的分割空间构成

图 6-13　公共空间模型

图 6-17　街道建筑模型

图 6-14　商业大楼空间模型

图 6-18　艺术馆模型

图 6-19　建筑空间

第四节
并列空间构成设计

并列空间构成设计案例（图 6-20~
图 6-25）。

图 6-22　住宅模型

图 6-20　并列空间模型

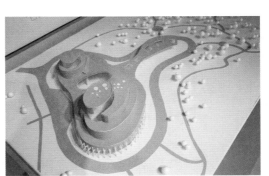

图 6-23　美术馆

图 6-21　商业中心

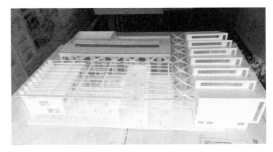

图 6-24　工厂模型

图 6-25 现代住宅

第五节

序列空间构成设计

序列空间构成设计案例（图 6-26~
图 6-32）。

图 6-27 教学楼建筑设计

图 6-26 波浪美术馆

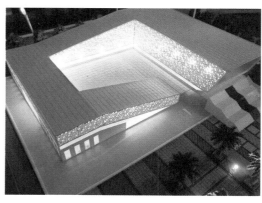

图 6-28 运动场馆

图 6-29　生态建筑

图 6-31　街道区域

图 6-30　方块住宅

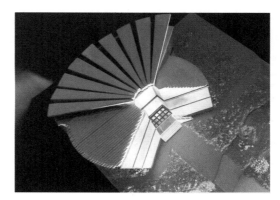

图 6-32　贝壳美术馆

第六节
主从空间构成设计

主从空间构成设计案例（图6-33~图6-38）。

图 6-34　现代生态别墅

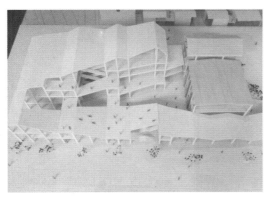

图 6-33　医院空间设计

图 6-35　商业大楼

图 6-36 医院综合空间

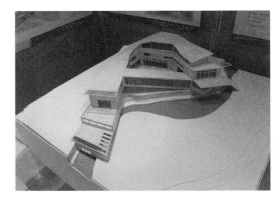

图 6-38 综合空间

图 6-37 艺术馆

第七节
削减空间构成设计

削减空间构成设计案例（图 6-39~图 6-44）。

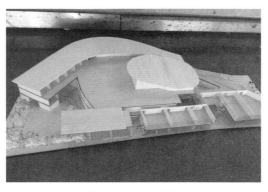

图 6-39 商业中心

图 6-41 分子教学楼

图 6-40 被切开的房屋

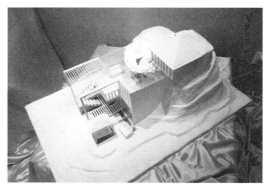

图 6-42 山体别墅

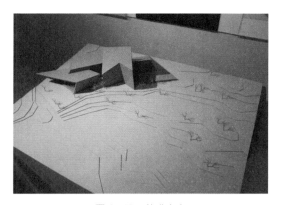

图 6-43 艺术中心

图 6-44 娱乐会所

第八节
综合空间构成设计

综合空间构成设计案例（图 6-45~
图 6-55）。

图 6-47 商业中心

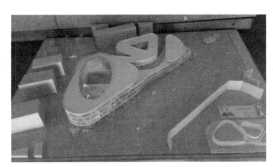

图 6-45 体育中心

图 6-48 体育中心

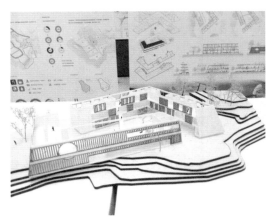

图 6-46 办公空间

图 6-49 学校建筑设计

图 6-50　公共空间

图 6-52　图书馆

图 6-51　集智产业园

图 6-53　创意产业园

图 6-54　金融中心

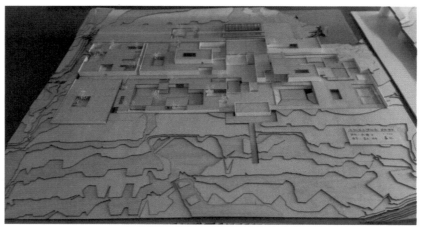

图 6-55　博物院

思考与练习

1. 绘制 1 个线的空间构成设计草图，并制作出实体模型，制作方式不限。

2. 绘制 1 个面的空间构成设计草图，并制作出实体模型，制作方式不限。

3. 绘制 1 个体的空间构成设计草图，并制作出实体模型，制作方式不限。

4. 绘制 1 个空间构成模型，要求各界面空间的点、线、面、体以不同方式组合起来。

5. 激发自己的灵感与激情，手绘 3 张空间构成设计草图。

6. 在电脑上使用 CAD 软件绘制出 1 套完整的平面、立面、三维表现的空间构成作业，并把平面、立面图以及三维表现图绘制在对开素描纸上。

7. 把自己原创设计的空间构成作品用卡纸制作成立体模型，规定长宽不得超过 8 开纸张大小。

8. 4 人为 1 组，搭建完成空间实体模型 1 件。

参考文献
References

[1] [日]原口秀昭.路易斯·I·康的空间构成[M].北京:中国建筑工业出版社,2007.

[2] 沈欣荣,刘献敏,汝军红,等.建筑设计基础——空间构成[M].北京:中国建筑工业出版社,2006.

[3] 戴俭,邢耀匀.中西方传统建筑外部空间构成比较研究[M].北京:中国建筑工业出版社,2012.

[4] [英]布赖恩·爱德华兹.可持续性建筑[M].2版.北京:中国建筑工业出版社,2003.

[5] [美]菲尔·赫恩.塑成建筑的思想[M].北京:中国建筑工业出版社,2006.

[6] [英]乔纳森·A·黑尔.建筑理念——建筑理论导论[M].北京:中国建筑工业出版社,2015.

[7] [日]芦原义信.外部空间设计[M].北京:中国建筑工业出版社,1985.

[8] [美]克莱尔·库珀·马库斯,卡罗琳·弗朗西斯.人性场所——城市开放空间设计导则[M].2版.北京:北京科学技术出版社,2017.

[9] 凤凰空间·上海.建筑表现牛皮书[M].南京:江苏人民出版社,2012.

[10] 宋杨.立体/空间构成基础[M].北京:中国青年出版社,2015.

[11] 艾小群,吴振东.立体构成:空间形态构成[M].北京:清华大学出版社,2011.

[12] 何彤.空间构成[M].重庆:西南师范大学出版社,2008.

[13] 宗诚,白新蕾.形态认知与空间构成[M].重庆:西南师范大学出版社,2016.

[14] 杨宇.立体构成与三维空间设计[M].沈阳:辽宁美术出版社,2014.

[15] 彭一刚.建筑空间组合论[M].3版.北京:中国建筑工业出版社,2008.

[16] [法]勒·柯布西耶.走向新建筑[M].南京:江苏科学技术出版社,2014.

[17] 菲利普·朱迪狄欧,珍妮特·亚当斯·斯特朗.贝聿铭全集[M].北京:电子工业出版社,2015.

[18] 黎志涛.建筑设计方法[M].北京:中国建筑工业出版社,2010.